微观创想家

细菌的科学艺术之旅

as科学艺术研究中心　著

机械工业出版社

CHINA MACHINE PRESS

细菌无处不在，与我们共栖共生，学会如何与它们相处几乎贯穿了人类全部社会发展进程。本书以细菌为主题，颠覆了以往人们对细菌的固有认知，全面介绍了细菌的特性、细菌美丽的颜色、细菌中万能的模式生物——大肠杆菌，以及琼脂等。本书将带领读者了解科学家在拓展知识边界的同时如何改变人类发展的进程，看细菌如何在修复艺术品中大显身手，探索细菌在新领域的应用与拓展，走进危险又美丽的微生物世界，从一种独特的视角了解它们无尽的可能性。

图书在版编目（CIP）数据

微观创想家：细菌的科学艺术之旅 /as 科学艺术研
究中心著. -- 北京：机械工业出版社，2024. 10.
ISBN 978-7-111-76594-3

Ⅰ. Q939.1-49

中国国家版本馆CIP数据核字第2024NS7787号

机械工业出版社（北京市百万庄大街22号　邮政编码100037）
策划编辑：卢婉冬　蔡　浩　　责任编辑：卢婉冬　蔡　浩
责任校对：龚思文　王　延　　责任印制：张　博
北京华联印刷有限公司印刷
2024年12月第1版第1次印刷
180mm×230mm・9.5印张・2插页・143千字
标准书号：ISBN 978-7-111-76594-3
定价：79.00元

电话服务　　　　　　　　　网络服务
客服电话：010-88361066　　机　工　官　网：www.cmpbook.com
　　　　　010-88379833　　机　工　官　博：weibo.com/cmp1952
　　　　　010-68326294　　金　书　网：www.golden-book.com
封底无防伪标均为盗版　机工教育服务网：www.cmpedu.com

Bacteria

in love with art

微观创想家：
细菌的科学艺术之旅

目录

01

细菌发现史

02

忘掉颜料吧！让我们用细菌作画

CONTENTS

细菌与文物修复

当细菌悄悄蔓延进未来

01

细菌发现史

鲁迅短篇小说《药》

电影《澄沙之味》

1.1 细菌学的经验时期

人类文明发展的进程中，曾发生过数次令人闻风丧胆的瘟疫，如 14 世纪，黑死病（鼠疫）横扫欧洲大陆，造成约 2500 万人死亡。在人们的生活里，"瘟疫"作为被关注的主题之一，出现在众多文学著作和影视作品中。鲁迅著名的短篇小说《药》，讲述了主人公华老栓夫妇为儿子华小栓买人血馒头治病的故事，这个病便是肺结核（肺痨）；电影《澄沙之味》则讲述的是麻风病患者面对社会歧视的治愈故事。瘟疫是由什么引起的？鼠疫、肺痨、麻风病又是什么呢？

瘟疫是由致病性微生物引起的，鼠疫、肺痨、麻风病是分别由鼠疫耶尔森菌、结核分枝杆菌（简称为结核杆菌）、麻风分枝杆菌引发的病症。虽然细菌有不少黑历史，但它也对人类社会发展做出了不可磨灭的重要贡献。

根据西汉晚期农书《氾胜之书》中的记载，在古代，人们发现豆科作物可以提高土壤肥力，这是因为豆科作物中有根瘤菌，根瘤菌有固定氮元素的作用，能把空气中的游离氮转化为植物易吸收的肥料。在现代，使用细菌制作的产品随处可见，如酸奶、食醋、香肠等。

"细菌"贯穿了人类历史的长河，充满了我们的生活，但它仿佛是人类最熟悉的"陌生人"。细菌是什么？它是怎样被人类发现和了解的？又是如何被进一步研究并展现功能的呢？

1.2 细菌的发现

近代以来，自然科学的发展与技术的进步相辅相成、密不可分，具有观察功能的实验仪器对于推动微观自然科学的崛起功不可没。

17世纪，英国科学家罗伯特·胡克（Robert Hooke，1635—1703）使用复合显微镜，第一次观察到软木组织中的蜂房结构，并将其命名为"细胞"，由此开启了人类观察微观世界的大门。

出生于荷兰的安东尼·菲利普斯·范·列文虎克（Antonie Philips van Leeuwenhoek，1632—1723）是位商人，也是位科学家。他早期对放大镜非常好奇，但苦于没有足够的资金购买。后来，他受到罗伯特·胡克《微物图志》的启发，通过对书中介绍的内容进

行学习，经过模仿、制作、改良，打磨出了放大倍数约为 300 的显微镜。列文虎克将牙垢、污水、腐败有机物等不同来源的样本，放在显微镜下观察，他惊奇地发现视野里布满了大大小小、形态不一的微生物。原来，即使人们看不见微生物，也丝毫不会影响这些千姿百态的微生物的存在！列文虎克将它们命名为 Dierken，意思是小动物，并将观察到的微生物用绘画的形式记录下来。这份实验观察记录被列文虎克寄到了英国皇家学会。他取得的成果在学术界引起了巨大的轰动，这是人类首次观察到微生物，也是人类首次观察到细菌。

可以说，对于细菌的发现，光学显微镜起到了非常重要的作用。显微镜的发明和利用突破了人类裸眼的极限，将对自然科学的观察由宏观引入微观。列文虎克通过使用显微镜进入了微观世界，人类也自此开启了研究微生物的时代。列文虎克致力于改善光学显微镜，被后世称为"光学显微镜之父"。

18 世纪，丹麦动物学家奥托·弗里德里希·米勒（Otto Friedrich Müller，1730—1784）使用显微镜对细菌进行了细致观察，将观察到的细菌形态，在著作中以插图的形式详细地记录下来。由

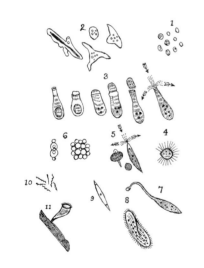

列文虎克使用显微镜观察各种微生物

Bact
in lov

于当时的显微镜制造技术没有突破性的进步，微生物相关的研究进展缓慢。进入 19 世纪，产业革命促进了机械制造技术的发展，光学理论也有了进步，这使得显微镜的性能有了极大的提升。1838 年，德国博物学家克里斯汀·戈特弗德·埃伦伯格（Christian Gottfried Ehrenberg，1795—1876）根据观察到的细菌形态，对细菌进行了分类，"细菌"（Bacterium）便是由他命名的。

随着科学家对传染病的持续关注，他们在研究中也对微生物有了更深入的认识和了解。路易斯·巴斯德（Louis Pasteur，1822—1895）和罗伯特·科赫（Robert Koch，1843—1910），就是 19 世纪这个领域杰出科学家的代表。

当时在法国，一些酒厂发现酒存放久了口味会变酸，这个问题一直困扰着酿酒业。一家酒厂厂主找到了巴斯德，希望他能解决这个问题。随后，巴斯德准备了两个观察样品——未变酸的酒和已变酸的酒，分别取样放在显微镜下观察并进行比较。他发现在已变酸的酒中，除了圆圆的用于发酵的酵母菌之外，还有一种杆状外形的菌类，并且随着放置时间变长，杆状细菌的数量会增多。巴斯德的研究验证了正是乳酸杆菌导致酒的口味变酸！为此，巴斯德摸索出不同的加热温度，使得在酿

正在做实验的巴斯德

造过程中既能保持酒的口感，又能杀死乳酸杆菌，解决了酒变酸的问题。这个杀菌方法，便是大家耳熟能详的"巴氏消毒法"。时至今日，商店中的乳制品，很多都采用的是"巴氏消毒法"。此外，巴斯德还用鹅颈烧瓶实验证明了空气中有大量的微生物，驳斥了"自然发生说"。

那个时代，人们普遍认为疾病是由于人食用了带有毒素的食物，或者沾染了不幸的东西（迷信）所导致的。随着"疾病细菌说"的提出，学界普遍认为疾病是由不同的微生物引起的，但却没有充分的实验证据证明。那么，微生物和疾病的关系到底是怎样的呢？

19世纪晚期，科赫在乡村医院工作。当时，炭疽热传染病正在发生，导致许多牲畜死亡，这个病还会传染人类，使人类皮肤溃烂，甚至死亡。科赫收集了死亡牛羊的血液样本，放在显微镜下进行观察，他发现一些小小的、杆状的细菌，这种细菌在健康的牛羊

正在做实验的科赫

血液样本中是没有的。科赫针对含有杆状细菌的血液，设计了几组实验。在小白鼠实验中，他发现杆状细菌会导致小白鼠生病，后来他将这个菌株命名为"炭疽杆菌"。这是人类历史上首次用科学的实验方法，证明了细菌和疾病的关系，某些疾病确实由特定的细菌导致！同时，科赫发现细菌在牛的眼房水上培养的过程中会自我繁殖，还会在不良环境中，如高温、干旱、辐射和毒素等恶劣条件下，存在芽孢的状态，来保护自己得以生存。

这期间，科学家使用液体培养基培养细菌，这种方法导致各种细菌混合在一起，无法分离。如何从含有多种细菌的培养液中，提取、分离不同的菌株？如何培养纯种细菌？科赫冥思苦想了许久，在对生活细致观察后，他在试验中用琼脂将含营养物质（土豆、肉汤）或含血清的培养基凝固，创造了不同的"固体培养基"，再将沾有细菌液体的针尖在培养基表面划线，培养基表面就能长出不同的单菌落。科赫的方法可以培养并分离出纯种细菌，是细菌研究方法上的一次重大突破。

为了观察更多的病原体形态，科赫和他的助手在结核杆菌的研究中，摸索出了细菌染色法，给结核杆菌染蓝，解决了它因无色而无法被观察的问题。从显微摄影、固体培养、细菌分离到细菌染色，这些技术促进了细菌研究，一直被沿用至今。根据这一系列的科学实验结果和规律总结，科赫提出了著名的"科赫法则"，它在很长时间内被作为验证病原体致病性的"黄金"规则。1905年，科赫因发现结核杆菌并证明了其病原性，被授予了诺贝尔生理学或医学奖。

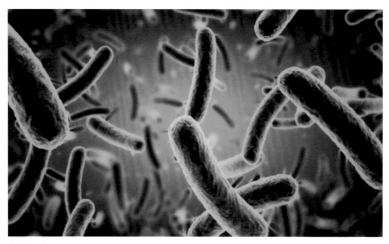

大肠杆菌

在 19 世纪这个群星闪耀的时代，诞生了许多珍贵的、意义不凡的科学发现。科学家发现了白喉杆菌、大肠杆菌、痢疾杆菌、鼠疫杆菌、伤寒杆菌、脑膜炎球菌和破伤风杆菌。

这其中，不得不提到特奥多尔·埃舍里希（Theodor Escherich, 1857—1911）。在近代欧洲，腹泻导致的新生儿死亡率居高不下，埃舍里希一直致力于研究细菌对儿童胃肠道的影响，终于在肠道中分离出了大肠杆菌。

后来的科学研究发现，其实大部分大肠杆菌都是正常肠道菌群的一部分，只有少数大肠杆菌会导致人畜患病。在实验环境中，大肠杆菌生长迅速，营养需求简单，能够既方便又稳定地培养和传代，且具备完整的基因组序列信息和清晰的遗传背景，这些特点使大肠杆菌成为研究生命现象的一种模式生物。作为研究载体和工具，大肠杆菌为分子生物学的发展做出了重要的贡献。为了纪念埃舍里希，人们将埃希菌属（Escherichia）作为大肠杆菌的属名，大肠杆菌被命名为 Escherichia coli，简写为 E.coli。

　　认识了细菌与疾病的关系之后，有很多科学家利用这些认知和原理，进行了意义重大、影响深远的应用。英国著名外科医生，约瑟夫·李斯特（Joseph Lister，1827—1912）使用石炭酸对手术工具、环境进行消毒，降低了手术感染发生率和死亡率，开创了外科消毒法的先河；丹麦细菌学家，汉斯·克里斯蒂安·革兰（Hans Christian Gram，1853—1938）发明了细菌学中重要的鉴定染色技术：革兰氏染色，基于细菌细胞壁的结构不同，细菌能被染成两种不同的颜色，呈紫色的为革兰氏阳性菌（G+），呈红色的为革兰氏阴性菌（G−）。与此同时，人们也认识到，除了部分微生物会致病外，细菌对于其他生物也有着诸多积极的作用，荷兰植物学家，马丁努斯·威廉·拜耶林克（Martinus Willem Beijerinck，1851—1931）分离出根瘤菌，根瘤菌有固氮作用，能为植物提供营养。

1.3 现代细菌学的相关发展

　　科学家们富有想象和智慧的开创性研究及取得的成果,拉开了细菌学研究的帷幕。进入 20 世纪,越来越多的科学家对细菌展开研究,随着实验方法与技术的进步和现代分子生物学的发展,科学家开始研究细菌的生命活动以及其他衍生的功能,他们对细菌的了解愈发深入、系统和完整,现代微生物学真正开始发展起来。

　　1928 年,弗雷德里克 · 格里菲斯(Frederick Griffith, 1877—1941)利用肺炎链球菌和老鼠进行了一系列的生物学实验。实验结果显示,细菌的遗传信息,会因为转型作用发生改变。随后,奥斯瓦尔德 · 艾弗里(Oswald Avery, 1877—1955)和他的同事们,在肺炎链球菌的离体转化实验中,初步证明了核酸是肺炎链球菌 III 型转化因子的基本单位,驳斥了当时蛋白质是遗传物质的观点。

　　在亚历山大 · 弗莱明(Alexander Fleming, 1881—1955)、霍华德 · 弗洛里(Howard Florey, 1898—1968)、诺曼 · 希特利(Norman Heatley, 1911—2004)、恩斯特 · 钱恩(Ernst Chain, 1906—1979)、多萝西 · 霍奇金(Dorothy Hodgkin, 1910—1994)等科学家的努力下,青霉素实现了从被发现到进行工业化的生产和应用。青霉素在细菌的繁殖期起到了杀菌的作用,挽救了无数人的

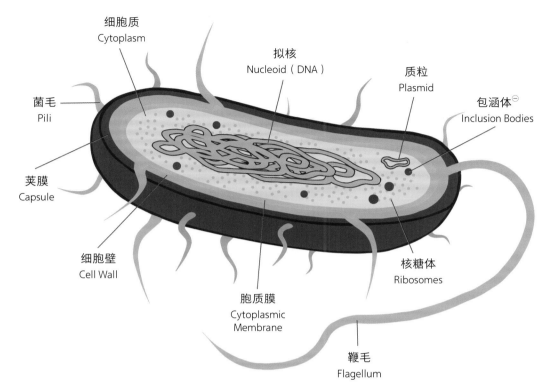

细菌的结构图

生命。之后，链霉素、氯霉素、四环霉素、红霉素等，陆续被科学家成功开发，并被投入使用。

1995 年，克雷格·文特尔（J. Craig Venter，1946—）等科学家合作完成并公布了流感嗜血杆菌的全基因组序列，这是世界上第

───────

○ 包涵体，指未折叠式异常折叠的蛋白质聚集而成的结构，这种聚集可能是由于蛋白质过量表达、异常折叠或其他蛋白质处理问题引起的。

一个被完成基因组测序的细菌。紧接着，科学家相继完成数个病原体、模式菌、极端微生物的测序工作，如结核分枝杆菌、鼠疫耶尔森菌等。

基于几百年来科学研究的点滴积累，人们逐步对细菌的各种特征，如分类、形态、功能等有了基本的认识，并建立了系统的知识体系。我们知道，细菌是典型的原核生物，以细胞壁分界，细菌的结构包括：①细胞壁外：荚膜、菌毛和鞭毛；②细胞壁内：胞质膜、细胞质、拟核和质粒、核糖体、内含物⊖。为了便于观察，人们可用各种方法对不同的结构进行特异性的染色，用不同的颜色加以区分。

为了便于认识自然界的生物种类，分辨表型特征和亲缘关系，20 世纪 70 年代，卡尔·乌斯（Carl Woese，1928—2012）提出了生物分类的三域学说，包括：细菌域、古菌域、真核生物域。在《伯杰氏系统细菌学手册》第二版中，细菌界囊括了 23 门 31 纲 77 目 187 科 783 属。

传统分类法中，一般根据细菌的形态学特征（形状、大小、结构和染色、培养特征菌落形态）进行分类。细菌的大小以微米（μm）作为量度单位，如大肠杆菌，大小约为（0.4~0.7）μm×（1.0~3.0）μm。细菌的形状可分为球状、杆状和螺旋状，若细分，有 30 多种。如，球状细菌的形态有球状、半球状、桶球状等；杆

⊖ 内含物，指在细胞内形成的异质性颗粒，其中包含各种不同的物质。

肺炎链球菌
Streptococcus
pneumoniae

破伤风梭菌
Clostridium tetani

梅毒螺旋体
Microspironema pallidum

霍乱弧菌
Vibrio cholerae

念珠状链杆菌
Streptobacillus
moniliformis

嗜肺军团菌
Legionella pneumophila

肉毒梭菌
Clostridium botulinum

伤寒沙门菌
Salmonella typhi

幽门螺杆菌
Helicobacter pylori

金黄色葡萄球菌
Staphylococcus
aureus

细菌的不同形态

状细菌的形态有两端呈平截状、钝圆状、尖突状等；螺旋状细菌的形态则有螺旋状、弧状等。除此之外，还有些特殊形态的细菌，如柄状细菌有柄，鞘细菌外被鞘套包围。

不同细菌在培养生长过程中，肉眼可见的视觉形态也是各式各样的。在固体培养基中，菌落的大小、形态以及隆起形状部分的表面形态、光泽、颜色和质地等都不尽相同；在液体培养基中，浑浊程度、沉淀形态和颜色等也千差万别。

细菌在生命活动过程中，会不断从外界吸收营养物质，通过体内一系列代谢的生化反应，将这些营养物质转化为能量并合成自身的组成物质，维持正常的生长和繁殖。具体而言，不同微生物具有不同的生理生化特征，它们可以利用有机物、日光以及还原态无机物，通过光合作用、氧化还原作用，获得通用能源。

人类文明发展至今，细菌与人类生活息息相关，人类对细菌的应用无处不在。在工业界中，人们利用乳酸菌发酵乳制品；利用醋酸杆菌酿醋；细菌纤维素作为膳食纤维，可以制作椰果、冰淇淋、减脂餐等。除此之外，人们掌握了细菌的生理生化活动后，利用细菌的代谢活动进行工艺应用和产品生产，利用细菌对丝织品、受损建筑遗迹、古画等进行文物修复和保护，还利用细菌染色的技术取代传统染色工艺，避免环境污染。在艺术界中，细菌不仅可以成为一种技术，让艺术品保存完好，重新恢复面貌，还可以作为工具，制作精美的艺术作品，如琼脂艺术。在前沿科学产业界中，合成生物学通过改造、筛选菌株，使细菌成为一种重要的生物生产工具，比如研发细菌疗法治疗肿瘤等。

　　诺贝尔曾说："科学研究的进展及其日益扩充的领域，将唤起我们的希望。"世事如棋局局新，我们期待未来能有越来越多关于细菌学的新发现，也期待细菌学在不同方向和领域的精彩应用！

什么是细菌纤维素？

纤维素作为一种重要的有机聚合物被广泛应用于生产生活，是自然界中分布最广、含量最多的一种多糖，包括细菌纤维素（Bacterial Cellulose）与植物纤维素（Plant Cellulose）。

细菌纤维素的微观影像

细菌纤维素是一种多孔性网状纳米级生物高分子聚合物，由独特的丝状纤维组成。其纤维直径在 10~100 纳米之间，比植物纤维素小 2~3 个数量级。两者的区别在于：植物纤维素是植物细胞壁的重要成分，通常与木质素、果胶、半纤维素结合在一起，很难获取纯纤维素底物；细菌纤维素则不含木质素和其他细胞壁成分，被认为是纯纤维素的来源。

由于其独特的合成方式，细菌纤维素具有超细网状纤维结构。它质地纯、结晶度高、有很强的吸水性，是一种天然的纳米级"海绵"，并具有良好的生物安全性和可降解性。由于合成过程温和，同时具有强大的成膜特性，细菌纤维膜被形象地比喻成"以无数的细菌为梭子织就的一块无纺布"。这些优势预示着细菌纤维素在许多需要使用精细纤维素的领域有着不可替代的应用前景。作为一种新型纳米材料，细菌纤维素已被广泛应

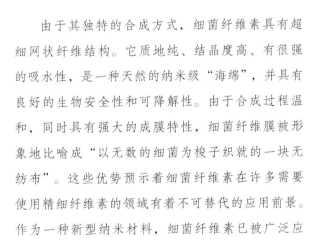

用于纺织、医用材料、食品等各个领域。

目前，有许多种细菌能够生产纤维素。其中醋酸菌属中的木醋杆菌可将葡萄糖、甘油、糖或其他有机物转化为纯纤维素。木醋杆菌对原料适应广泛，产纤维素能力强，被普遍用于生产和科研。

生产细菌纤维素需要一定的发酵环境。25~30℃的温度范围最适合生产细菌纤维素，其中28℃是木醋杆菌生产细菌纤维素的最佳温度。pH值是控制细菌纤维素生产的另一个重要因素。在细菌纤维素的发酵过程中，乙酸、葡萄糖酸和乳酸等次生代谢物的产生会改变发酵培养基的pH值。4~6的pH值是细菌纤维素发酵培养基的理想值。另外，由于产出细菌纤维素的微生物都是有氧的，而在培养基内，低水平的溶解氧会阻碍细菌生长，降低细菌纤维素合成效率，因此需要保证充足的氧气供应。

生长中的细菌纤维素

02

忘掉
颜料吧！
让我们
用细菌作画

《微睡莲》

2.1 用细菌作画的琼脂艺术

乍一看，你会看到几朵盛开的花，其实它是由德国魏恩施蒂芬 – 特里斯多夫应用科学大学的索尼娅·博恩多夫（Sonja Borndörfer）、诺伯特·W. 霍普夫（Norbert W. Hopf）和迈克尔·兰辛格（Michael Lanzinge）用细菌制作的艺术作品。这幅艺术作品是2021年美国微生物学会（American Society for Microbiology，ASM）

举办的琼脂艺术比赛的一等奖，ASM 从 2015 年开始赞助举办全世界范围内的琼脂艺术比赛。

琼脂艺术（Agar Art）是一种新兴的艺术流派，是通过特定模式培养微生物，把琼脂板当成画布，用有色的细菌或微生物作颜料，在充分发酵培育后创作而成的微生物艺术作品。

创作者可以自由选择微生物的自然颜色，就像画家随意选择他们的颜料一样。这些用来作画的细菌并不是被人工染色的，而是微生物的细胞壁或质外体空间合成了色素分子。颜料的产生取决于光、pH 值、温度和介质等因素，细菌中的色素沉着也与自身的形态特征、细胞活动、发病和保护机制有关。例如，细菌在进行光合作用时产生一种作用在植物中且类似于叶绿素的物质，这种物质就是绿色的。

《细菌上的圣诞树》

适合作画的菌种包括枯草芽孢杆菌（奶油色或淡黄色）、紫色色杆菌（紫色）、大肠杆菌（无色）、藤黄微球菌（黄色）、玫瑰色微球菌（粉红色）、奇异变形杆菌（棕色）、荧光假单胞菌（蓝绿色）、黏质沙雷氏菌（粉红色或橙色）、金黄色

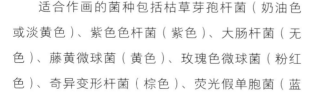

《星夜》

葡萄球菌（无色或黄色）等。

法国南特大学的罗西察·塔什科娃（Rositsa Tashkova）于 2014 年在琼脂板上创作了这棵圣诞树，这件作品被 ASM 的社交媒体分享。在图像传播开来后，ASM 的工作人员决定赞助一场琼脂艺术比赛。在 2015 年，即该项比赛的第一年，ASM 收到了 84 份投稿。

当 ASM 在 2015 年发起琼脂艺术比赛时，工作人员不仅对参赛者的创造力和艺术技能感到惊讶，他们还发现公众对细菌作画抱有浓厚的兴趣。来自世界各地的 200 多家媒体报道了这次比赛和一些参赛者的作品，如梅兰妮·沙利文（Melanie Sullivan）重现的梵高的《星夜》，这件琼脂艺术作品已成为细菌艺术流派的代表作品。

第一届琼脂艺术比赛受到公众的广泛关注后，ASM 每年都会举办一场琼脂艺术比赛，征集来自世界各地的微生物艺术作品。匈牙利布达佩斯的安德烈亚·赫贾（Andrea Héjja），创作的《像这样的礼拜一》，获得了 2019 年琼脂艺术比赛制作类别的第三名。作者表示，这个作品就像每个周一的早上，实验室工作人员焦虑的脸，我们试图用这些五颜六色的细菌群复制爱德华·蒙克的著名作品《呐喊》。

《像这样的礼拜一》

北卡罗来纳州立公共卫生实验室的利利阿纳·弗洛雷斯（Liliana Flores）和丽贝卡·沃尔（Rebecca Wall）创作的《蝴蝶花园》展示了大自然的神奇。作品描绘了毛毛虫从蛹到蝴蝶这个令人惊叹的过程。各种各样的蝴蝶不仅美丽，而且是生态系统的重要组成部分。这件作品所用的琼脂由实验室里用于分离肠道病原体的两种培养基组成。该作品大部分使用的是木糖赖氨酸脱氧胆酸盐（XLD）琼脂，琼脂上面的黑色是肠沙门氏菌所形成的菌落颜色，黄色是大肠杆菌所形成的菌落颜色，透明、粉红色则是由福氏志贺氏菌形成的菌落颜色。画面为"蛹"的这一块使用的是亮绿

《蝴蝶花园》

色琼脂，画面中的"亮绿色"是用大肠杆菌形成的菌落颜色。

在题为"微宇宙"的主题竞赛中，有七件琼脂艺术作品描绘了围绕地球的天体。艺术家蒂夫尼·泰（Tiffany Tai）和慈元芳（Tsz Yuen Fong）写道："微生物世界充满了未知和不确定性，我们在微生物宇宙中探索就像在宏观宇宙中探索知识和真相一样。"

琼脂艺术也逐渐向多元化、多维度方向发展。由西班牙阿拉贡材料科学研究所的博士生伊莎贝尔·弗朗哥·卡斯蒂略（Isabel

《微宇宙》

《福吉桑》

Franco Castillo）创作的《福吉桑》，在 2019 年的琼脂艺术比赛专业类别中获得了第三名。这件作品中的 3D 火山是用 Cladoporium cladosporioides 接种的琼脂堆，上面滴着染色的琼脂熔岩，沙子是用霉菌孢子做的，珊瑚的材料则是生长在染色琼脂海上的微生物。

琼脂艺术的生命力和吸引力仍在持续，琼脂艺术作品会在杂志上刊登、在博物馆中展出，ASM 甚至收到了将琼脂艺术教学加入学校艺术课程的请求。琼脂艺术每一次在公众面前出现，人们就会对美丽多样的微生物世界有进一步的了解。

亚历山大·弗莱明

2.2 科学家？
还是艺术家？
第一个用
细菌作画的人

一提到亚历山大·弗莱明，人们首先想到的是青霉素，他发现的青霉素拯救了无数人的生命。弗莱明除了醉心于科学研究外，还是切尔西艺术俱乐部（Chelsea Arts Club）的成员。该俱乐部于1891年在伦敦成立，俱乐部的章程规定，三分之二的成员必须是职业艺术家，包括画家、雕塑家、设计师、摄影师等，另外三分之一的成员也必须从事艺术工作，如作家、舞蹈家或音乐家等，俱乐部中的成员都坚信，在生活中创造性是十分重要的。

弗莱明在伦敦的圣玛丽医院工作时，他的许多病人都是画家，这些画家有时会给弗莱明画画，有时甚至通过教他绘画来付治疗的费用。起初弗莱明用水彩绘画，后来，身为科学家的他开始使用另一种新的媒介——微生物。他用琼脂填充培养皿，然后使用一种环形的金属工具，提取含不同色素的细菌在盘子上涂抹，让这些不同的细菌同时发酵成熟。

目前还不知道弗莱明为什么开始用

弗莱明的细菌艺术作品

细菌作画，也许是某一天他拿起一支画笔，发现它和科学家做实验时用来提取细菌的环形金属工具十分相似，从而给了他艺术创作的灵感。

弗莱明是一位没有受过真正的艺术训练、自学成才的艺术家，他"作画"的灵感和取材都来自于身边的人和物：芭蕾舞演员、房子、士兵、喂孩子的母亲等。

弗莱明发现青霉素的抗生素特性，和他在琼脂板上随意作画也有联系。弗莱明有一个凌乱的实验室，他把装着微生物的培养皿和其他东西都放在实验室的工作台上。弗莱明偶然发现他在一幅"画"上接种的葡萄球菌都长成了类似夜空中的恒星或行星的形状，但在培养皿中还有一团更大的东西——青霉菌，它周围的细菌正在死亡。这团青霉菌像被星星围绕的"旭日"，他的这幅杰作拯救的生命比他的其他任何发现所拯救的生命都多。

在弗莱明之前，其他科学家也曾在培养皿上看见过生长的青霉菌，但只有弗莱明发现了青霉素的效果，这可能要归功于他同时作为艺术家所拥有的一双发现美的眼睛。这场诞生在艺术作品中的幸运"事故"改变了世界。

2.3 请向家庭主妇 范妮·黑塞道谢

　　列文虎克虽然推开了微生物学的大门，让人们看到肉眼看不见的微小生命，但主张生物体由无生命物质自然产生的"自然发生说"仍根深蒂固。此外，"瘴气理论"认为传染病是由有机物腐烂产生的有毒空气传播导致的。

　　19世纪初，接种天花疫苗已经较为普遍，虽然大家都不知道是什么起了作用，但当时已经有一批人隐隐意识到，肉眼看不见的、却实实在在存在的小小生物和我们的健康息息相关。由这种想法发展出的"疾病细菌说"（germ theory of disease）也被时兴的主流思想"瘴气理论"所鄙夷。

　　法国微生物学家、微生物学的奠基人路易斯·巴斯德在研究酒类为什么变酸的时候发现，酒里的一种杆状细菌（乳酸杆菌）增多，就会使酒变酸。随后他发明"巴氏消毒法"来对抗酒类的"疾病"，这对酿造行业来讲，可谓是个巨大的福音，这种工艺将液体加热到60~100°C，可以有效杀死大部分的细菌和霉菌，并保持酒的口感。

　　治好了酒类"疾病"的巴斯德对"自然发生说"提出了异议。

他认为人类和酒一样，生病是因为细菌入侵人体，让我们的身体"变质"。这一大胆的言论使巴斯德受到"自然发生说"拥护者的强烈抨击。为了解决这场争论，法国科学院设置阿尔亨伯特奖，奖励能够通过实验证明支持或反对这一学说的人。

这算是两种思想的第一次正面交锋，科学家们利用毕生所学证明自己支持的观点，在 19 世纪 60 年代，巴斯德设计出鹅颈烧瓶实验，将煮沸的肉汤放到烧瓶中，只要肉汤不接触弯管中的污染物，就会保持无菌状态。如果将鹅颈烧瓶放倒，使肉汤接触弯管中的污染物，肉汤中不久就会出现微生物。这一简单的实验有力地反驳了"自然发生说"，证明食物腐败不是自然发生的，而是因为细菌。这也让他在 1862 年赢得了阿尔亨伯特奖。

随后越来越多的科学家支持"疾病细菌说"，瓦尔特·黑塞（Walther Hesse）就是其中之一，他确信微生物无处不在，并利用棉絮过滤器试图捕捉和观察微生物。黑塞把要观察的细菌放到土豆上培养，发现行不通后就将细菌转移到肉汤和明胶制成的透明果冻培养基底上培养。然而，这种培养基底存在一个问题，当加热到 37°C（98.6°F）——这个适合许多微生物生长的温度时，会出现明胶液化的现象。此外，他培养的很多细菌还会降解基底，留下一堆"烂摊子"。

黑塞的妻子范妮·黑塞（Fanny Hesse）一直在做他的助手，范妮每天的工作就是给细菌做肉汤、清理设备并为丈夫的出版物做科学插画。她偶然想起儿时从印度尼西亚搬来的邻居教过她往汤里加

琼脂培养基

的一种凝胶剂，可以使果冻和布丁在温暖的天气里也不会融化。这种凝胶剂就是一种从海藻中分离出来的胶状物质——琼脂。

范妮将想法告诉了丈夫，黑塞立即把这个重大发现告诉了他所在研究所的主任罗伯特·科赫，科赫也是"疾病细菌说"的支持者，1876 年他在《植物生物学》中发表了关于炭疽杆菌的研究成果，这是人类历史上第一次用科学方法证明某种微生物是特定疾病的病原。

黑塞等人通过研究发现，琼脂比明胶有更高的熔点，在适合细菌生长的温度下也不会融化，而且它还是一种细菌不易分解的多糖，具有很好的稳定性，可以被长时间储存。他们将琼脂粉与营养素和水混合，在高压灭菌器中加热消毒，然后倒入浅盘中。混合物冷却后会凝固成光滑的半固体，其表面十分适合细菌生长。这一发现让科赫的研究工作逐渐变得顺利起来。

1881 年，科赫出版了《病原体研究方法》，总结了一种使用带有琼脂的载玻片来培养细菌的新方法，这本册子也被称为"细菌学圣经"，但其中对于黑塞夫妇的贡献却一笔带过。

范妮并没有因为她的发现而获得任何荣誉，她是现代微生物学里一位被忽视的女英雄，许多微生物学家每天都在使用琼脂培养基，但很少有人知道这位女性的贡献。下次在实验室用到琼脂时，记得在心里好好和范妮道谢，是她的发现让我们避免在一堆"烂摊子"中培养细菌。

2.4 细菌说，要有光

早在古希腊时期，人们就已经发现腐臭的鱼会在黑暗中发出荧光，亚里士多德在他的著作中曾记录过这种情形。

宋代科学家、政治家沈括在《梦溪笔谈》卷二十一中也记载了臭鸭蛋发光的现象："余昔年在海州，曾夜煮盐鸭卵，其间一卵，烂然通明如玉，荧荧然屋中尽明。置之器中十余日，臭腐几尽，愈明不已。"

由于科学发展所限，当时的人们只能对这些现象进行描述，甚至认为是妖魔降临、神明下凡所致。实际上，根据资料记载可推断，这些现象都是发光细菌造成的。

发光细菌的发光机制

发光细菌的发光机制可以分为两步：

第一步，发光细菌通过正常代谢合成细菌萤光素酶、长链脂肪醛和还原型黄素单核苷酸。

第二步，长链脂肪醛、还原型黄素单核苷酸和氧气在细菌

发光的臭鸭蛋

萤光素酶的催化下，发生氧化反应产生了光和其他产物。这个氧化反应几乎不产生热，主要产生光。

在这个过程中，还原型黄素单核苷酸除了参与氧化反应外，它还是发光细菌最主要的呼吸作用参与底物，与细菌的能量产生有直接关系。同时，发光细菌的细菌萤光素酶在18℃左右最宜存活，超过37℃就会失活。因此，发光细菌对外界的各种因素非常敏感，在培养过程中，我们也要尽量避免与之直接接触。

发光的艺术细菌

大多数艺术家的绘画是为了模仿自然，但也有少数艺术家找到了一种在自然帮助下的创作方法。

生物发光艺术就是科学与创造力的一种完美结合。在自然与设计的奇妙搭配里，生物发光艺术使用自然发光的细菌来创造复杂而优美的结构，当然，这种奇幻的科学艺术只有在黑暗环境下才能看到。

这是美国研究员贝齐·皮茨（Betsey Pitts）领导的团队运用生物发光细菌制作的发光艺术品

"生物岩画"。

他们将海洋发光细菌中的一种细菌溶液"涂"到培养皿上，用琼脂填充培养皿，形成了各种各样的菌落。

这个生物发光艺术的特殊之处还在于它需要从头到尾地进行维护。培养皿中需要装满人造海水、琼脂和大量的氧气，温度则需要保持在 21℃以下。

"这一切都是在一个下午完成的。第二天早上，当展览开始时，这些生物体已经长大并在黑暗中发光。"贝齐·皮茨说。

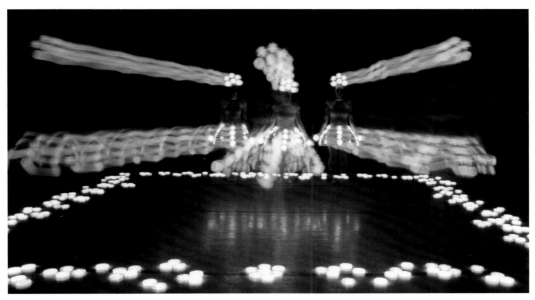

Hunter Cole 发光细菌艺术品

随着时间的推移，营养物质被耗尽，光的产生也在变慢，直至熄灭，展览就此结束。

美国艺术家、遗传学家亨特·科尔（Hunter Cole）以"生与死"的概念为灵感，创作了一组名为"生命之光"的生物发光细菌系列作品。这一系列作品描绘了生与死的轮回，旨在唤起人们对自身死亡的关注。

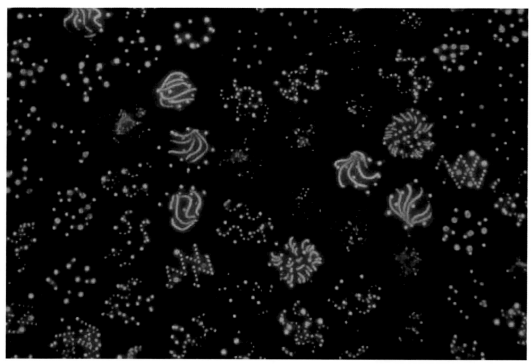

"生物岩画"

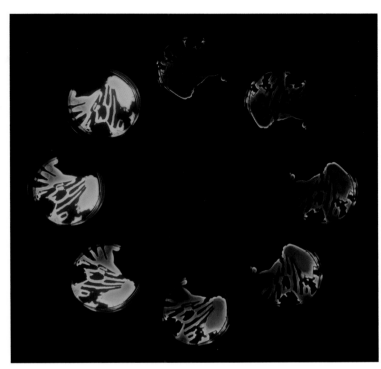

"生物岩画"

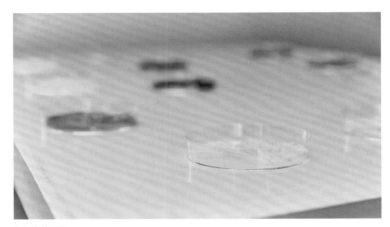

"生物岩画"

《生命素描》（"生命之光"系列作品之一）

"荧光海滩"是大自然赋予我们的一种奇妙景象，这背后的"魔法师"也是发光细菌。有时，在黑暗的夜晚或许能够遇到海滩上泛着神秘的蓝光，这是发光细菌创造的"海洋北极光"。除了个别的淡水发光细菌，大多数的发光细菌都生活在海洋中，主要存在于海水、海洋沉积物、腐烂鱼类的表面和海洋动物的肠道中。它们的光如同繁星坠落，在黑暗的海水中沉浮闪烁，给人们带来奇特的视觉震撼。

当发光细菌的种群密度达到一定程度时会产生信号分子，这些信号分子可以使个体细菌感应到菌群已经达到了一定数量，它们便开始同时激活特定的细菌受体，促使细菌萤光素酶的产生，并通过调节细菌萤光素酶的氧化酶来产生可见的蓝绿光。此外，发光细菌还可以根据环境中的光照强度来调节自身的光强度，让光既不会过于刺眼，又不会过于暗淡。

美丽的荧光海景并不只是纯粹的浪漫景观，还是发光细菌施展的生存策略。这些闪耀的荧光是发光细菌间的沟通语言，这种行为只有在生理需要时才会表现出来。通过发光，这些发光细菌可以帮助发光生物吸引配偶、抵御天敌和发出警告信号，还可以吸引其他生物，这样它们就可以进入这些生物体内，从而实现自身的扩散和繁殖。

通过研究进行生物发光的细菌，我们不仅可以欣赏到大自然的美丽，也可以更深入地理解生命的奥秘。这是一个既有科学价值，又有艺术价值的领域。

荧光海滩

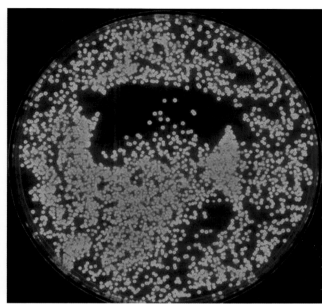

海洋发光细菌

想要拥有一瓶专属的海洋发光细菌吗？
那就跟随下面的步骤动手培养吧！

1. 准备标本

发光细菌生活在许多海洋生物中，其中鱿鱼的实验效果最好。首先，我们需要挑选购买新鲜的、未经处理的、未被冷冻过的鱿鱼，章鱼或小虾亦可。最好选择刚捕获的海鲜，市场上的鱼虾可能因捕获时间过长，腐生细菌过度繁殖，导致我们无法得到发光细菌。

2. 准备液体培养基

接下来，我们需要为细菌准备一个天然海水"浴缸"，在容器中加入一些盐水。每升水中加入 35 克盐，将鱿鱼半浸没在盐水中。用铝箔纸、硬纸板等盖住容器口，以避免杂菌进入并阻隔海水发臭的气味。注意不要完全密闭，细菌需要氧气。将容器静置在温度约为 20℃的暗室中 24 小时以上，每隔半天或一天检查一次是否有发光菌落。观察到发光菌落可能需要 2~6 天时间，具体取决于温度。当我们在黑暗中观察到海鲜表面出现微弱的亮点，那就是我们要寻找的发光细菌。

3. 准备固体培养基

在 500 毫升盐水中加入约 7.5 克琼脂、1 克碳酸钙、2.5 克甘油、5 克酵母提取物、5 克胰蛋白胨，混合制成琼脂溶液。将溶液煮沸并过滤，直到溶液变清。将变清的溶液用高压锅消毒 20 分钟后，倒入无菌培养皿中，让溶液在冰箱中凝固。

当然，如果你手边没有这些专业材料，也可以尝试家庭版培养基配方：比目鱼剁碎、煮汤、过滤，将滤汁作为培养基使用。

4. 收获细菌

发现这些亮点后，需要用消毒牙签或弯成环状的细铁丝将发光细菌从鱿鱼表面转移到培养皿中。将沾满发光细菌的牙签在固体培养基上划过，然后用另一根牙签将细菌尽可能地涂抹开。在明亮条件下，即使你看不到牙签上有任何东西，那上面仍然会有数以亿计的细菌。将培养皿再次放置在 20℃左右的暗室中培养 1~2 天。发光细菌在琼脂环境中确立优势后，其最亮的光芒可以持续一整天。

2.5 靠它解开生物之谜，又用它开拓艺术之美

亦敌亦友

大肠杆菌是德国医生、科学家特奥多尔·埃舍里希在 1885 年发现的，它与我们日常生活关系非常密切，属于肠道杆菌大类中的一种，同时也是结构最简单的生物体之一。大肠杆菌繁殖得非常快，在理想条件下，大约每 20 分钟其数量就可以翻倍。

在相当长的一段时间内，大肠杆菌一直被当作正常肠道菌群的组成部分，被认为是非致病菌。然而，事实并不是这样，在机体免疫力降低、肠道长期缺乏刺激等特殊情况下，大肠杆菌会移居到肠道以外的地方，造成相应部位或全身播散性感染。因此，大部分大肠杆菌通常被看作机会致病菌。

在正常情况下，大多数大肠杆菌"安分守己"，与人体互利共生。它们不但不会给我们的健康带来任何危害，反而能竞争性地抵御致病菌的进攻，同时帮助人体合成维生素 K2，维护肠道内环境的稳定，对人体的消化和吸收都有一定的积极作用。

大肠杆菌在人体中"兢兢业业"工作的同时，也没有放弃在艺术界"兼职"的机会。

小小艺术家

大肠杆菌可以转变为艺术家的颜料。据《自然化学生物学》报道，美国麻省理工学院的研究人员用 18 种基因的合成网络连线大肠杆菌，可使大肠杆菌探测并响应红色、绿色和蓝色。一旦受到颜色刺激，这种基因环路将激活细菌从而制造相应的色素或者荧光蛋白。科学家将培养皿当成画板，用大肠杆菌在上面描绘鲜艳美丽的图案。

用大肠杆菌作画

大肠杆菌修复敦煌壁画

国际基因工程机器大赛（iGEM）是生命科学领域规模最大、学术影响力最高的国际赛事，由美国麻省理工学院于 2003 年创办，具有广泛的国际影响力。

iGEM 以"合成生物学"为主题，鼓励全世界有志于在生命科学领域开拓创新的年轻人，设计完成合成生物学的科研项目，尝试解决世界面临的现实问题。

2021 年，深圳市育才中学的团队以"用合成生物学的方式修复壁画"项目，获得了 iGEM 的银奖。

团队成员查阅了大量专业的文献资料，在看到一篇利用大肠杆菌生成的生物膜矿化修复建筑材料的论文后，有位对敦煌壁画感兴趣的成员提出了可以尝试利用大肠杆菌修复敦煌壁画的想法。

整个实验分为三部分：融合蛋白表达系统实验、光感受器系统实验及共转表达。修复的过程主要有以下几个步骤：先将含有大肠杆菌的生物膜转变为凝胶，混合到水凝胶中；再把整个水凝胶贴在待修复的墙上，在生物膜形成后喷洒 SBF（模拟体液）；矿化完成后，掀开水凝胶，等待墙变干燥并杀死剩余的细菌。

团队成员表示，"敦煌壁画作为世界文化瑰宝，现在面临着严重的、无法恢复的破坏。与传统修复方法相比，使用大肠杆菌来修复壁画更加精确、高效，并且可以在一个相对较大的范围内实现壁画修复。"

夜莺与玫瑰

这并不是大肠杆菌第一次在 iGEM 上大显身手。早在 2018 年，as 科学艺术研究中心作为学术顾问，曾为中国科学院大学的 iGEM 团队助力，以大肠杆菌为载体创作的作品荣获了 iGEM 的金奖，还获得了最佳开放类项目奖。

你是否读过英国作家王尔德的童话《夜莺与玫瑰》？一位年轻的男子在寒冷的冬夜中寻找一朵盛开的玫瑰花，只为邀请心爱的女孩共赴舞会。遍寻无果，男子坐在冰冷的石板上悲泣。一只夜莺被他诚挚的感情打动，在月光下彻夜吟唱，将玫瑰的尖刺深深地刺进自己的胸膛。终于在黎明时分，一朵浸着血的红艳玫瑰绽放了。

在王尔德笔下，这支玫瑰象征着艺术与真爱，而中国科学院大学的 iGEM 团队与 as 科学艺术研究中心一起"摘下"了这只在历史的尘埃中摇曳的玫瑰，利用生物学的手段创造出了浪漫的、独一无二的玫瑰花园。

在故事中，夜莺于月光中吟唱，用生命化作鲜艳而芬芳的玫瑰；在项目中，我们将故事里的四个元素——月光、夜莺的歌声、玫瑰的颜色与气味分别提取出来，使用光信号和声信号输入，呈现出一幅由被改造的大肠杆菌创作的、带有香气的玫瑰画作。

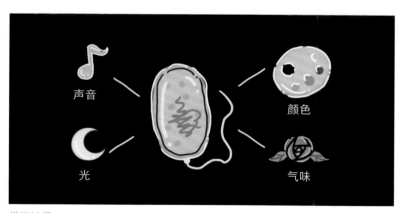

模拟过程

为什么选择大肠杆菌进行创作呢？

大肠杆菌是第一个用于重组蛋白生产的宿主菌，是被研究得最透彻的细菌之一，属于模式生物。它拥有遗传背景清晰、培养操作简单、生长繁殖快、转化和转导效率高、成本低等优点，其表达外源基因产物的水平也远远高于其他基因表达系统。

"夜莺的歌声浇灌了那朵红玫瑰，是声音为花朵注入了灵魂。"在这个项目中，大肠杆菌需要光和声音作为输入信号，然后产生并输出颜色和气味。这个过程主要分为三个部分：声音转化成光，光转化成颜色，光转化成气味。

团队成员开发了一款软件，将声信号转化为丰富多彩的图片，用户可以选择自己喜欢的音乐或者自己的声音，再采用图片中对应颜色的光来诱导大肠杆菌表达出相应的颜色。

考虑到声音直接转化为化学信号的操作难度及不可控性，团队使用了 RGB 系统实现"给玫瑰染色"的转化。不同于以往 iGEM 团队将不同的细菌细胞混合产生不同颜色的做法，这次团队使用了串联表达和 RGB 系统来控制细菌细胞中不同颜色的表达比例，以实现细菌细胞中的颜色混合，为玫瑰染上鲜艳的色彩。

没有香气的玫瑰是不完整的，团队试着改变大肠杆菌固有的气味，消除其产生臭味的基因 tnaA，使"玫瑰"散发香气。大肠杆菌的转化和转导，也就是将外源基因转入大肠杆菌的效率极高，所以我们在大肠杆菌中引入了花朵、雨水、柠檬的香味基因，这样玫瑰就可以产生多种多样的气味。

也就是说，你只要在软件中输入一段声音和原始图片，等待信号被传递至硬件，生成的图片被投射到改造过的大肠杆菌上，8~10小时后，我们就可以得到一朵在培养基上绽放的、艳丽芬芳的玫瑰。

与其他的培养皿作画不同的是，这次的实验可以轻松地在玫瑰花瓣处做出清晰或模糊的边缘，纯色或渐变的效果，这是传统的科学与艺术难以达到的。

总的来说，大肠杆菌表达系统作为目前应用最广泛的表达系统，具有较多的优点：一方面能够在较短时间内获得表达产物，另一方面操作所需的成本也相对较低。进入后基因时代，大肠杆菌首先被选作研究基因功能的模型，揭示了很多基因表达的未知领域。伴随着学科融合的不断深入，大肠杆菌势必会在科学生产和艺术表达中发挥更大的作用。

《夜莺与玫瑰》

03

细菌与
文物修复

3.1 令文物又爱又恨的生物膜

我们常常"谈菌色变"，总是害怕艺术品的色彩与形态在时间的流逝中被细菌伤害。事实上，细菌或许并不是破坏艺术品的"杀手"，如今我们为细菌正名，一起聊聊细菌是如何赋予艺术品在毁灭中重生的力量的。

在人们的印象中，细菌是破坏艺术品的"头号杀手"，艺术品表面微生物的繁殖对艺术品的腐蚀是毁灭性的。对那些极珍贵的画作来说，甚至空气的流动都会给它们带来严重的磨损，所以，在美术馆和画廊中，有些艺术作品会被放置于近乎无菌的环境中。

馆藏的艺术作品可以在流通、收藏和展出中得到精心的保护，但在室外或洞穴里的艺术作品就没那么幸运了，比如那些"披星戴月"的岩石艺术作品和壁画。有些作品长年累月暴露在外，经历风吹日晒，有些作品则在密闭的洞穴里长期存放，气温和湿度都无法像室内博物馆里那样被严格控制，丰富的细菌群会对这些岩画、壁画构成严重的威胁。

与其他面临细菌生长导致岩画褪色问题的古代岩石艺术作品相比，有一处岩石艺术作品却看起来"百毒不侵"。

布拉德肖岩画是澳大利亚的一种独特的岩画艺术形式，岩石上用深紫色、桑树色或红棕色的颜料描绘了跳舞、奔跑、狩猎的人体，这些人体具有精确的解剖比例，通常身高在 40~50 厘米，岩画中对人物的四肢和肩部肌肉的刻画有着精妙的细节和线条控制，甚至可以精细至几毫米。

　　考古学家很难确定布拉德肖岩画的具体年代，但可以确定的是，岩画最初被创作的时间距今已超过 12000 年。人们在震惊于岩画中线条、笔触这些细节都能被很好保存下来的同时，也发出了疑问：为什么与更晚被创作，面临细菌生长而引起褪色、腐蚀等问

布拉德肖岩画

题的其他古代岩石艺术作品相比，布拉德肖岩画会被保存得如此完好，其颜色也格外鲜艳亮丽？

针对这个问题，澳大利亚昆士兰大学教授杰克·佩蒂格鲁（Jack Pettigrew）和他的同事们在西澳大利亚州金伯利地区的 16 个地点研究了近 80 件布拉德肖岩画作品。经过对岩画上微生物的提取和测试，他们发现布拉德肖岩画的表面颜料中有生命存活的迹象，即岩画上原本的颜料已经不复存在，而是被不同种类、不同颜色的微生物完全覆盖。

在这些微生物中，最常见的"居民"之一是一种黑色的真菌——毛壳菌科，它们的后代通过蚕食上一代而生长。这意味着，如果最初的颜料层里面含有毛壳菌科的孢子，那么目前布拉德肖岩画表面上的黑色真菌就是它们数万年后的直系后代。

生生不息的微生物家族一直在岩画的表面生活，黑色的真菌负责提供水分，红色的细菌负责提供碳水化合物。原始绘画颜料中营养物质的存在，使得岩画表面上的这两种微生物能够互利共生，间接地让这些岩画的外观保持完好，看起来颜色更加鲜艳。

佩蒂格鲁教授在接受 BBC 的采访中曾表示，"活颜料"只是一种隐喻，指的是原始的颜料已被有色微生物所取代。活跃的微生物可以在数千年的时间里自我补充、繁殖，以保持这些画作鲜艳的外观。研究人员预测，一些岩石艺术作品也许会在数百年后逐渐消失，但布拉德肖岩画至少在 40000 年后仍然会丰富多彩，生命力无限。

在其他艺术品的修复和研究中，科学家发现布拉德肖岩画上的"活颜料"并不是一个特例，微生物对岩画影响的面纱也慢慢被揭开。但是，人们对帆布画上的微生物降解现象仍然了解甚少，以至于很难攻克修复帆布油画的难关，直到研究人员在一幅油画上有了新的发现，此事有了转机。

在意大利费拉拉瓦多的圣玛丽亚大教堂，有一幅名为《圣母加冕礼》的圆形画布。这幅画由意大利画家卡洛·博洛尼（Carlo Bononi）创作，描绘了圣母玛利亚加冕的场景。画面中的圣母平静地合拢双手，头上即将戴上一顶金色的王冠，周围环绕着一群脸颊红润的天使。

《圣母加冕礼》

这幅画自 17 世纪初至 2012 年，一直高悬于教堂的天花板上（在一次地震后这幅画被移至内墙）。人们惊奇地发现，尽管画作饱经风霜，画框不可避免地出现裂缝和损伤，画作的背面也因受到鸟类、昆虫和啮齿动物的侵袭而受损严重，可画作正面的油漆层却奇迹般地接近完好无损。

博洛尼亚市和费拉拉市的文物保藏员法比奥·贝维拉夸（Fabio Bevilacqua）与费拉拉大学的微生物学

家兼医学遗传学家伊丽莎白·卡塞利（Elisabetta Caselli）联手对此画作进行了深入研究。研究小组用棉签擦拭了画作的正面和背面，并在背面取下一小块纸和棉纤维样本进行培养，发现其中有不少微生物长久生活的痕迹，这些微生物以胶水、画布、颜料为食，把画作变成了栖息的家园。借助光学显微镜和扫描电子显微镜，研究小组鉴定出了几种主要的细菌和真菌，包括葡萄球菌、芽孢杆菌、曲霉菌、青霉菌、枝孢菌和链格孢菌等。

有趣的是，研究人员发现葡萄球菌主要集中在画作的正面；而芽孢杆菌则更多地栖息在画作的背面。对于真菌来说，曲霉菌通常聚集在较深的红色和棕色区域；而枝孢菌则更多地出现在较浅的黄色和粉红色区域。这些天然颜料似乎是这些微生物的美食，特别是紫胶红、红土和黄土等。另外，教堂内理想的温度、湿度和光照条件，为这些具有独特口味的小家伙提供了完美且稳定的生存环境。

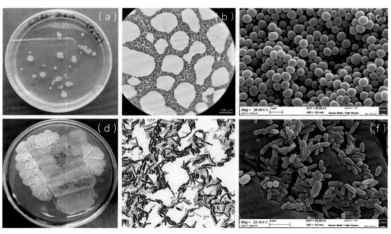

《圣母加冕礼》正面鉴定出葡萄球菌（a）~（c），背面鉴定出芽孢杆菌（d）~（f）

这一现象引起了费拉拉大学化学和微生物污染专家桑特·马扎卡内（Sante Mazzacane）的关注。他意识到《圣母加冕礼》上的微生物并没有腐蚀画作，反而形成了一个"保护膜"，保护着这幅精美的画作不受进一步侵害。这一发现引发了新的思考：传统的艺术品修复方法通常包括清理和消毒步骤，以防止残留微生物加速颜料的脱落。然而，在《圣母加冕礼》这种特殊的情况下，对画作直接消毒可能会破坏表面的微生物平衡，导致更具破坏性的新微生物入侵。因此，研究人员决定尝试一种颠覆性的方法——"以菌抗菌"，即培养某些特定菌作为有益菌，以此驱逐画布上更有害的菌。

如何划分菌是友好的还是有害的呢？事实上，在我们周围每个物体的表面上都存在着各种各样的微生物，它们无时无刻不在争夺生存空间和营养物质，纺织品、黏合剂、油、木材、纸张和颜料等都可以成为它们的食物来源——尤其是在温暖潮湿的环境中，其中绝大多数微生物对人类是没有危害的。

在 2014 年发表的一项研究中，研究人员发现有益菌可以通过"竞争性拮抗"的方式阻止有害菌的滋生。在这种拮抗过程中，有益菌会消耗有害菌生存所需的营养物质，从而抑制有害菌生长。马扎卡内引用了一种在医院里使用的试验性益生菌疗法，利用天然微生物多样性来有效地对抗有害微生物的感染。这种方法可以使医院病人的感染率降低 52%，抗生素治疗费用减少 75%。因此，马扎卡内和他的同事们认为，同样的逻辑或许也适用于艺术品保护领域：通过消除有害微生物，并防止其他菌入侵来保护珍贵的艺术品。

为了验证这一想法的可行性，研究人员订购了适用于医院和实验室的生物活性溶液，其中含有枯草芽孢杆菌、短小芽孢杆菌和巨大芽孢杆菌的孢子。将混合物用无菌水稀释后，研究人员将其涂抹在培养油画中微生物的琼脂培养基上进行观察。实验结果表明，混合溶液似乎能够有效抑制画作中微生物的生长。这一发现在帆布油画修复中具有潜在的应用价值，使用"友好菌"不仅有益于艺术品长久保存，还可以减少对油画修复人员健康的危害。传统上用于清理和消毒绘画作品的化学物质对人体健康有害，如铵盐和酚类，而"友好菌"则提供了一种更安全和环保的替代方案。

尽管如此，在实际应用这一方法前仍需谨慎。穿越历史长河的大师名作是独一无二的，具有无法估量的价值，无法承受任何风险，因此全面评估新方法的安全性至关重要。马扎卡内指出，虽然初步研究结果表明，一些芽孢杆菌可以作为有益菌来防止破坏艺术品的微生物滋生，但仍需进一步长时间的研究，以确保这些菌本身不会对画作造成损害。在艺术领域里，任何未经充分验证的方法都可能对珍贵的艺术品造成无法挽回的损害，在全面评估新方法的安全性之前不能轻易将其应用于实践之中。

研究团队目前还不能将这种微生物处理方法直接应用于帆布油画的修复实践中，但我们有理由相信在不久的未来，科学家能够进一步拓展和完善微生物技术在艺术品保护领域的应用，期待"以菌治菌"的方法可以修复更多的艺术品。

3.2 艺术品保护

吞噬时光瘢痕的细菌

桑托斯 - 胡安斯教堂是一座位于西班牙瓦伦西亚市的罗马天主教堂。17 世纪，巴洛克时期的西班牙画家安东尼奥·帕洛米诺 (Antonio Palomino) 为教堂的天花板创作了壁画。

1936 年，一场大火烧毁了桑托斯 - 胡安斯教堂，教堂拱顶的壁画遭到严重破坏。在修复过程中，命运多舛的穹顶壁画可谓是"雪上加霜"。1960 年，当时的修复人员使用胶水来修补脱落的部分，随着时间的推移，胶水风干后变硬，留下了一层不溶于水的胶质。如今，壁画如同月球的表面一样"坑坑洼洼"，它真实的颜色已经被堆积在表面的胶质和污渍所掩盖。

文物修复所的研究人员试图使用数字印刷技术来填补壁画上颜料的裂缝，但他们发现裂缝中存在着胶质，以及因风化、火灾后结晶盐的积聚而形成的白色结壳。解决这个问题的传统方法有两种：一是使用化学物质与污渍发生反应，然而，这些化学

桑托斯 - 胡安斯教堂

桑托斯－胡安斯教堂中央拱顶的壁画图像

物质可能会腐蚀污渍以外的墙壁和颜料；二是使用物理刮擦，这种方式不但耗时，而且可能会对油漆层造成进一步的损坏。

微生物学教授罗莎·玛丽亚·蒙特斯·埃斯特莱斯（Rosa Maria Montes Estellés）和生物学家皮拉尔·博世（Pilar Bosch）希望找到合适的解决方案。他们前往意大利，向刚刚完成比萨坎波桑托纪念堂中的壁画修复的同事学习。一种利用可以吞噬盐和胶质的假单胞菌菌株的细菌修复技术，给他们提供了灵感。

科学家对传统方法进行了创新：将假单胞菌放入凝胶中，再将凝胶均匀地覆盖在壁画的表面。这比用棉球沾取细菌直接涂抹的方式更快、更均匀，并且用肉眼即可确认细菌被涂抹的位置。给细菌 90分钟的时间，耐心地等待它们"享受美味"——细菌吞噬掉壁画表面风化的盐层。然后，小心地用水将壁画表面冲洗干净，凝胶会有效地避免水分渗入壁画。处理完成后，凝胶和细菌被清除，壁画表面迅速干燥，毁坏的壁画重新焕发生机。对于使用一次就被清除的细菌来说，每一次艺术品的修复，都是它们"最后的晚餐"。

目前，修复专家和微生物学家正在努力改进这项技术，使其可以适用于各种画作的清洁工作。

运用细菌的生物清洁技术开展文物保护修复工作必将成为未来的新趋势。细菌还原了更古老的人类文化，那些在漫长历史中的未知过往，那些艺术作品在遥远年代曾闪耀的光芒，那些人类文明被缔造时的欣喜，都因为小小的细菌而得以重现。

古画逢春

意大利比萨市的纪念公墓是一个四面具有回廊的建筑。回廊的内部墙壁绵延着近两千平方米的壁画，最早的壁画位于西南角，是意大利画家弗朗西斯科·特雷尼（Francesco Traini）于 1336 年到 1341 年创作的作品《受难》。而《最后的审判》《地狱》《死亡的胜利》等作品则是出自之后的画家布方马克（Buffalmacco）之手。

比萨市的纪念公墓

早在 15 世纪，人们就开始尝试用化学方法对壁画进行清洁和修复。到了 18 世纪，过度频繁的修复工作导致壁画上大部分油漆被溶解，原作的轮廓变得模糊不清。这些以修复和清洁为目的的化学试剂，好心却办了坏事，对壁画造成了悲剧般的"毁容"。

《死亡的胜利》

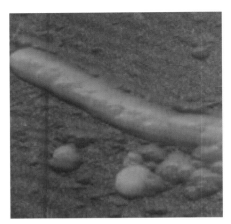

原子力显微镜下的施氏假单胞菌菌株

由于化学修复方式的"得不偿失",意大利莫利塞大学的微生物学家吉安卡洛·拉纳利（Giancarlo Ranalli）决定剑走偏锋，尝试以一种生命激发另一种生命，用微生物让古老的壁画艺术"重获新生"。

他利用了施氏假单胞菌，这是一种杆状细菌，它经常出现在土壤以及沉积物中，主要以氮为食，且具备降解有害污染物四氯乙烯的能力。

他将细菌涂抹在壁画表面，静置约三个小时，不仅壁画的原色没有任何褪色，而且其表面附着的污渍、霉点和其他有机化合物还能被全部降解。

来自于土壤中的细菌让屹立于泥土之上的纪念堂涅槃重生。这是命运的巧合，也是自然的馈赠。

需要细菌拯救的雕塑

16 世纪，米开朗琪罗在意大利佛罗伦萨美第奇小圣堂中的新圣器收藏室内，为美第奇家族成员的陵墓设计了四个雕塑，分别用一天的四个时段命名：《昼》《夜》《晨》《暮》。如今数百年过去了，这些雕塑的表面早已出现污渍与变色，原本

雕塑《昼》

华丽的白墙也变得暗淡无光。虽然在近十年的修复中，大部分的破损都已被修复，但面对那些顽固的污渍，修复人员也毫无办法。

2019 年 11 月，美第奇教堂博物馆邀请意大利国家研究委员会对这些雕塑进行检测。委员会通过红外光谱发现，这些雕塑上难以去除的有机残留物是由硅酸盐和方解石组成的。方解石是一种碳酸盐类矿物，也是碳酸钙（$CaCO_3$）最稳定的一种形态。在分解这些残留物的同时，又要小心不破坏雕塑本身，这对工作人员来说是一个难题。

2020 年秋季，美第奇教堂博物馆的开放时间大幅减少。美第奇教堂博物馆的前馆长莫尼卡·比蒂（Monica Bietti）决定要趁此机会，给这些顽固的污渍"上一课"。于是，她组织了一个包含科学家、历史学家、修复专家的小团队，试图寻找一种最合适的菌株来"吃掉"污渍。

意大利的生物学家安娜·罗莎·斯普罗卡蒂（Anna Rosa Sprocati）从近 1000 种通常用于分解石油或重金属的菌株中，选择了几种最合适且无害的细菌在大理石上测试，在确保安全性的前提下，最终选定了施氏假单胞菌 CONC11。这是一种淡黄色、边缘不规则的

莫尼卡·比蒂的团队进行菌株测试

修复后的雕塑

细菌，是从那不勒斯附近的一家制革厂的废料中分离出来的。这种细菌会"吃掉"雕塑表面的污渍，但并不会给雕塑本身带来伤害。

对于不同的污渍，团队成员还使用了不同种类的细菌。他们用红球菌清除了雕塑人像耳朵上的铸模残留物、胶水以及油污，利用源自野油菜黄单胞菌的黄原胶来清洁雕塑《夜》的人像面部。

通过微生物"兢兢业业"地工作，米开朗琪罗的雕塑作品焕然一新。

这已不是细菌第一次真正地加入艺术品清洁服务行业。意大利以将微生物用于文物保护工作而闻名，一种会吞噬硫黄的细菌被用来去除米兰大教堂的"黑色结痂"，其效果要比类似的化学处理好得多；在比萨，也有一种以污染物为食的细菌帮助清理了大教堂圆顶和斜塔附近受损的壁画。

一次次"艺术品保卫战"为细菌扭转了风评，艺术家和科学家都期待着细菌未来在艺术界继续"大展拳脚"。

3.3 艺术品修复

细菌牌钙中钙，予古门新生

罗马是意大利的文艺复兴中心之一，现今仍保存着相当丰富的文艺复兴艺术作品与巴洛克风貌。历史的浓缩和文化的熏陶，构筑了这座伟大而浪漫的"永恒之城"。

如今，罗马的艺术遗迹很多都遭受污染、酸雨以及游客汗水和呼吸的摧残，罗马广场上的塞维鲁凯旋门就是其中之一。

公元 203 年，为了纪念塞普蒂米乌斯·塞维鲁皇帝在战争中的胜利，罗马人建造了塞维鲁凯旋门。这是一座白色大理石建筑，其三重凯旋门是同类建筑中装饰最华丽的拱门之一，罗马最知名的建筑君士坦丁凯旋门的设计就受了塞维鲁凯旋门的影响。

像许多其他古代建筑一样，塞维鲁凯旋门在时间的洗礼中遭受了巨大的磨损。中世纪时期，几场洪水冲刷掉了拱门下半部分的浮雕。它还一度

塞维鲁凯旋门

被改建为堡垒，在原有的建筑结构中增加了塔楼，并被设计与旁边的教堂相连。甚至有雕塑家在其中一个通道内开设了商店，雕刻在内墙上的痕迹直到今天仍然可见。尽管受损严重，塞维鲁凯旋门依旧以顽强的生命力矗立在罗马广场上。

然而，大理石的天然层理在日积月累中逐渐被盐化、瓦解。石柱上的几道垂直裂缝、雕刻花纹的碎裂……都归因于建造时使用了劣质的大理石材料，石柱难以再支撑"永恒的胜利"。

数十亿个细菌在数吨大理石块的裂缝中不断蚕食拱门本身，"外敷"的方式不再可行。于是，修复人员创新地使用细菌进行了生物固结试验。

修复人员首先"布下天罗地网"，在拱门上覆盖一层生物混合物，这种混合物包含酶和一种可刺激微生物生成钙的化学产品Mixostone。随后，他们静候"猎物落网"——存在于大理石裂缝中的细菌被酶吸引到表面，迅速与Mixostone产生化学反应，被刺激生成的碳酸钙填补了裂缝，将大理石固化。

修复人员在拱门表面的一部分区域进行了测试。这种生物固结方法比其他同样应用细菌的方法更容易、更直接，完美利用了拱门内部细菌的代谢潜力来进行修复。

"从内到外"的方法大获成功，修复人员准备将这种方法应用于塞维鲁凯旋门的整体修复上。"小小的战士"吹响号角，助力罗马之城的胜利传说不朽。

天衣有缝菌来补

　　丝绸文明白璧无瑕的细绢是齐纨，提花四绽的彩缎是蜀锦，如烟似雾的丝纺是罗，还有那"不似罗绡与纨绮"的缭绫……这些源远流长的历史文化被一丝一线地织进丝绸的经纬之中。

灿若云霞却脆弱似云雾

　　丝织品文物作为重要的文化遗产，对研究古代社会、历史、文化等方面具有重要价值。了解文保常识的人都知道，丝织品极难传世，因为其本身是蛋白质纤维，是真菌和细菌眼中的美味佳肴。即便丝织品文物幸存下来，也会在长期氧化和水解作用下严重变质，稍加触碰就"坍塌湮灭"。

马山一号墓挖掘现场

　　早期清理出土丝织品文物时常使用化学或物理方法，虽然这种方法的效果立竿见影，但这些化学试剂不仅会导致丝织品纤维中蛋白质的损失、丝胶部分溶解、丝素部分溶失，还会残留在纤维中造成丝织品文物的二次损伤。此外，这些化学制剂也会污染环境甚至给文保工作人员的健康带来隐患。

　　文物保护专家在没有找到合适的修复方法之前，通常不敢"轻举妄动"。1972年长沙马王堆

汉墓出土的西汉丝绸，就是因此被迫冷藏保存了 20 多年。

有同样的遭遇的还有马山一号墓。1982 年，在湖北省荆州市的马山砖瓦厂，一座战国中晚期的楚墓被发现了。虽然墓葬规模不大，但出土的丝织品数量多达 152 件，几乎包含了先秦时期服饰的主要纺织技术种类，被称为出土古墓中的"丝绸博物馆"。中国古代章服文化的开山者沈从文先生在看到这批出土的丝织品时，更是激动地表示："这是我平生所见最壮观的文物之一！"

由于当时还没有成熟的技术长期保护这批丝织品文物，为了减缓其情况进一步恶化，荆州文物保护中心的修复专家吴顺清带队，为其量身打造了先进的封存设备。在综合考虑了导致丝织品损毁的多重因素（光照、氧气和不适宜的温湿度）后，团队设计了仿造高压氧舱形式的绝氧充氮不锈钢柜，虽然这批丝织品文物的现状得以维持，但是无法被悬挂、折叠，只能安静地躺在那里。如何安全有效地清洗、修复这批丝织品文物，在当时是悬而未决的难题。

菌做捣衣砧

"捣衣砧上拂还来"写的是映在洗衣木砧上拂不去的相思月光，而细菌所制的"捣衣砧"可以拂去蹉跎在丝织品文物上的岁月痕迹。

随着时代的发展，学科间的交叉融合加速了科技创新能力，从生物技术的角度去保护文物也逐渐成为可能。2000 年，吴顺清带领科研团队，研发出了一种特殊的丝织品"清洗液"，由生物表面活性剂、生物催化剂、乳酸杆菌和嗜热链球菌的发酵产物组成。

"清洗液"中的细菌可以"吃掉"侵蚀丝织品的微生物和矿化物质，对霉菌、血迹等有机污染物和结晶盐等无机污染物进行清除、转换、脱矿化等处理，这样既不会破坏丝织品，又能达到"清洗"的目的。

这种清洗技术有针对性地筛选出符合条件的菌株，再配合生物活性物质，对各菌群进行科学的配伍，形成微生物共生态。清洗过程不仅更加环保、安全，清洗废液也无毒、易降解。

修复之行始于对症下药

清洗文物后的下一项关卡就是加固修复。文物修复界一直以来不主张在文物表面直接喷涂化学试剂，这种方法不但会造成文物色泽改变，还会因文物材料与化学试剂之间不同的收缩率，导致文物出现不可逆的损伤。

细菌生物清洁中的凤鸟花卉纹绣浅黄绢面绵袍

鉴于此，吴顺清等文保专家研究出了一套详尽的检测方案，为后续采取正确的方法修复丝织品文物打下坚实的基础。具体讲就是，利用扫描电子显微镜、热分析仪、红外光谱仪、X射线衍射仪等，对丝织品文物的降解特征做出系统研究，分析导致丝织品文物糟朽老化的降解原因。

文保专家发现，由于丝织品文物长期受复杂的地下环境影响，从分子结构和分子构象的微观角度来看，丝蛋白的构象发生了变化，例如肽键断裂、碳碳键断裂、结晶度变小、热稳定性变差。

于是，文保专家根据检测分析的结果，针对丝织品文物保护中的清洗、加固、修复等不同环节，筛选出不同的菌种"对症下药"。

菌起的地方缝补着岁月

在明确了丝织品文物老化降解状况的理论依据后，经过反复试验研究，吴顺清的又一"细菌秘药"诞生了。他采用木醋杆菌纤维素加固丝织品文物。因为这种细菌纤维素具有良好的力学性能，在加固后可以保证丝织品文物的机械强度和柔软度，此外这种细菌纤维素无色透明，基本不影响丝织品文物原有的图案和颜色。

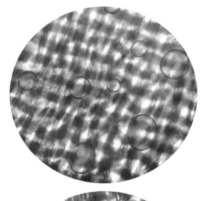
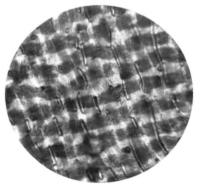

细菌纤维素原位加固丝织品

这种细菌纤维素的组成物质是多糖，与丝织品的组成物质丝蛋白有本质区别，这也为文物修复中的可逆、可移除、再处理提供了保障。后来通过大量的实验，研究又有了突破性的进展——实现了细菌纤维素在丝织品表面的"纳米尺度的有序排列"，也就是说细菌纤维素能顺着丝织品的纤维生长，可以精密修复丝织品文物。

例如马山一号墓中出土的凤鸟花卉纹绣浅黄绢面绵袍，是墓主遗骸衣衾包裹的第七层，在经过细菌的"清洗"、"缝补"后，质地柔软，并可以折叠，颜色明艳，美得不可方物。

一花引，万花开

这项利用细菌的转化和其代谢物进行清洗、加固和修复的"古代丝织品保护生物技术"，在 2004 年荣获国家文物局颁发的"文物保护科学和技术创新"一等奖。

这项技术推广应用后最具代表性的成果，是荆州谢家桥楚国一号墓出土的丝绸荒帷（棺罩），这是我国迄今发现的同时代保存最好、面积最大的丝绸荒帷。荆州文物保护中心耗时近四年，通过

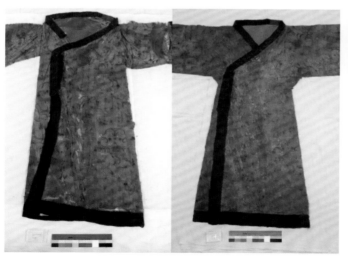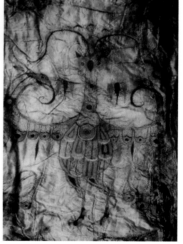

修补前后的凤鸟花卉纹绣浅黄娟面绵袍

展览中的荒帷

修复前的荒帷

修复后的荒帷

细菌生物技术对丝绸荒帷进行清洗、加固、修复，将出土时黏连在一起如软泥般的荒帷，恢复为色泽饱满、花纹清晰的状态，还可以折叠、卷曲，全部铺展开来面积达 44 平方米。

2019 年的国际基因工程机器大赛（iGEM）中，武汉大学团队凭借生物技术修复"素纱禅衣"获得了金奖。他们受文保专家吴顺清团队研发的木醋杆菌合成细菌纤维技术的启发，把木醋杆菌中与细菌纤维素合成相关的基因，转入大肠杆菌这一常用工程菌中，使其具有产生细菌纤维素的功能。他们还在设计上加了光启动子，用他们设计的仪器对丝织品文物特定薄弱处进行照射，就能"启动"细菌开始加固、修复。同时，他们通过在修复中添加蛋白质多肽，使丝织品文物能够抵御霉菌污染和光损伤。他们的研究还得到了当年参与"素纱禅衣"修复的专家的认可。

丝绸古道上常回响着温润悠远的驼铃声，一串隐在一串中。

当地有一种说法：汉唐以前的古道上沙砾很粗糙，因为经历了丝绸的行走，这里的沙才变得无比的细腻，滑过指缝时就像丝绸在游走。那个时空里纺织的宝藏传到我们的手里，科学家突破创新，利用细菌完成清洗、加固、修复的全过程，这是细菌与时间竞速的胜利，也是细菌织就的伟大艺术。

当"狐斑"爬上了达·芬奇的脸

不论是现在抑或未来，凝聚在珍贵纸质文物之中的人类文明，仿若流淌于历史、现实与未来之间的大江大河，浩浩汤汤。

纸上"狐斑"

春秋轮回几度，世事沧桑无数。岁月流逝的痕迹不仅会悄悄爬上我们的脸，还会在纸质文物上留下印记。有年头的书籍、邮票、纸币和书画等表面会出现斑点和印痕，看起来像一只狐狸用泥泞的爪子踩踏的脚印。这种因纸张变质而产生的印记被形象地称为"狐斑"，其形成与时间和真菌生长有关。

在这幅达·芬奇的自画像中，我们可以和洞察一切事物的深邃双眼对视。蓬松飘逸的长发连结着胡须，遮挡了部分深思而肃穆的脸，寥寥数笔，一个具有无限生命力的伟大巨匠便跃然纸上。

这幅创作于 1513 年左右的色粉画，被收藏于意大利都灵皇家图书馆中。2012 年，这幅画经专家判定已

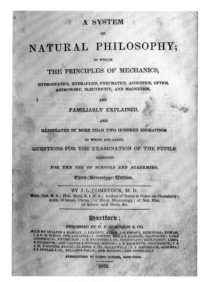
有严重狐斑的教科书扉页

达·芬奇自画像

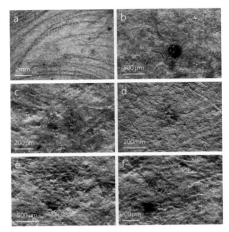

电子显微镜下的狐斑样态

经破损至无法修复的地步。消息一出，无数艺术爱好者叹息扼腕。巨大的遗憾皆缘于这幅宝贵的画作在 1929 年展览前的装裱过程中，不慎被暴露在阳光下。这次意外导致画作表面开始出现许多明显的狐斑。

2015 年，为了挽救遗憾意大利与奥地利的科学家采用扫描电子显微镜（SEM）成像和分子技术，从纸上提取了 DNA，然后放大了真菌内部转录间隔区，克隆出提取的片段，并将结果与微生物群落库进行比对，发现该真菌群落是由子囊菌门的真菌主导的。

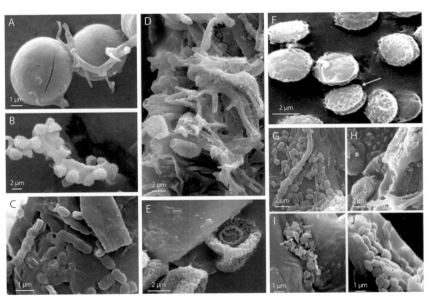

电子显微镜下的狐斑真菌

《发现》杂志报道了他们观察的结果："扫描电子显微镜发现了一个真菌形式的动物园，包裹着丝线的光滑球体和聚集在一个神秘颗粒上的尖状细胞，以及带有十字形疤痕的扁平圆盘。

肉眼看上去，这种真菌是棕褐色的。当空气中的铁微粒接触画作时，会破坏原材质的组织结构，使得真菌组织可以从空隙渗入纸张深层，在新陈代谢过程中生成草酸，进一步破坏纸张。

尽管在确定适当的修复计划方面还有一段路要走，但明确狐斑的形成机制和真菌种类，对未来如何科学地保存和修复画作打下了良好的基础。"

弱小无助的纸质文物

无论是历代传世的佳作还是刚刚出土的珍贵纸质文物，它们的有机组成成分——纤维素、半纤维素和木质素，都能作为微生物生存必需的碳源。

微生物获得这些养分后，进行生长代谢和繁殖，这会在很大程度上改变纸张的结构组成。如有些菌属通过新陈代谢产生的纤维素酶、蛋白酶等，可直接对纸质文物的组成成分进行降解；还有些菌属通过新陈代谢产生有机酸，黏附在纸质文物上，能大大降低纸张的强度。

受霉斑侵蚀老化的纸质文物

真菌在生长过程中还会分泌不同颜色的色素，在纸上呈现出黑色、褐色、黄色、灰色、紫色和绿色等多种颜色的霉斑。色素会随着时间的推移而增加，导致纸质文物的进一步老化降解，造成无法挽救的损失。

据统计，我国有纸质文物保护单位3000多家，保藏了400多万件纸质文物。在保存到今天的古籍中，宋、元之前的刻本极为罕见；明朝时期的纸质文物也是少之又少，多为孤本或残本；清朝时期的纸质文物相对多一些，但其保护状况也不容乐观。这与纸质文物本身的理化性质较弱，以及技术手段落后有直接关系。

传统物理去除狐斑的方法有低温冷冻法、缺氧法、微波辐射法、γ射线辐照法。然而，这些方法耗资大，技术性都比较强，在具体实施中也有一定的难度。此外，甲醛熏蒸法和化学试剂涂抹法存在易产生化学物质残留、易污染等不足之处。

在确保纸质文物无损的前提下，科学家通过对霉斑的成分分析、纸表色斑分离纯化、鉴定微生物菌属等一系列研究，试图找出引起微生物侵染的关键因素，为后续预防狐斑出现的保护工作提供依据。例如，通过测定不同类型菌株 rDNA 的基因序

城堡的凯瑟琳礼拜堂壁画

Bac
in lov

列，来鉴定菌种的分子生物学技术，在 1996 年帮助德国分子生物学家从一座中世纪城堡的壁画样品中，检测出许多未被传统技术发现的壁画微生物种群。这一发现大大提升了欧洲的文物保护能力。

细菌生物酶

考虑到霉斑的形成是霉菌滋生，并在纸张上形成代谢产物这一生物过程，那么是否也可以模拟生物反应过程进行物质循环，从而达到去除霉斑的效果呢？

生物反应每一步都受到精细调节，而肩负调节任务的使者就是一种具有特殊活性的物质——生物酶。

酶是具有催化功能的生物大分子，它存在于所有活的动植物体内，是维持生物体正常功能、进行物质代谢、能量交换以及组织修复等生命活动的一种必需物质。酶具有很多特点：

1. 高效性：酶的催化效率比无机催化剂高，是普通催化剂的 107~1013 倍；

2. 高度专一性：一种酶只能催化一种或一类基质，比如蛋白酶只能催化蛋白质水解成氨基酸或者多肽，而淀粉酶只能催化水解淀粉；

3. 多样性：酶的种类很多，不少于 5000 种；

4. 温和性：酶所催化的化学反应一般是在较温和的酸碱条件和温度条件下进行，超出这个范围，其活力会降低

微生物采集和接种

甚至完全消失。

根据酶的这些特点，若能选择适当的酶制剂，将其应用于书画作品等纸质文物的霉斑清洗环节中，一方面其独特的专一性可保证在去霉斑过程中不会破坏纸张、色彩的结构；另一方面在适宜条件下，其反应的高效性也可以避免溶液长时间接触纸质文物，而对纸质文物产生不良影响。

此外，酶是天然产物，毒性低，生物降解性好，不会残留在纤维中对纸质文物造成二次污染。它的生物友好性不仅保证了工作人员的健康与安全，而且避免了对环境造成污染。

去除百年"狐斑"

我国科研人员综合以上修复方法，从清代书法作品上复苏优势霉菌菌株并进行培养，鉴定其种属，同时用此优势菌模拟古代纸质

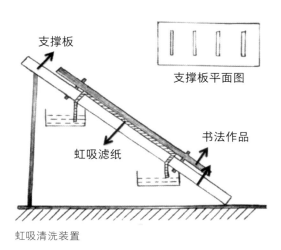

虹吸清洗装置

文物上形成的霉斑，然后根据菌斑成分特异性构建高效、专一的生物酶复配清洗剂以去除霉斑。

科研人员初步选出四种针对性较强的生物酶作为霉斑清洗剂的主要成分，与表面活性剂形成复配体系。然后，科研人员将霉斑纸张样品夹在两块玻片之间进行固定，分别置于装有不同生物酶复配清洗剂的容器中，将被霉斑污染的纸质文物替代样在生物酶复配清洗剂中浸润 30 分钟。浸润结束后，科研人员用虹吸清洗装置清除残留清洗剂，待纸张样品自然干燥，将其存放于室温、相对湿度为35% 的环境下至少 16 小时后，再进行物理化学性能检测。

科研人员用此方法观测不同的生物酶复配清洗剂在不同生物酶浓度、浸润时间、清洗温度下，对纸张样品的 pH 值、抗张强度、白度以及光泽度的影响，为纸质文物霉斑清洗提供科学依据。

下图为三种清洗效果较好的生物酶复配清洗剂清洗前后对比：ABC 分别为霉斑纸张样品清洗前的图片；abc 分别为用 P+AEC、

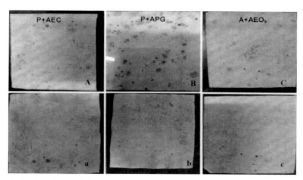

去除霉斑前后对比

P+APG、A+AEO$_9$生物酶复配清洗剂清洗后的纸张样品图片。

经过反复对比实验，科研人员发现木瓜蛋白酶与非离子表面活性剂 AEO$_9$ 形成的生物酶复配清洗剂，对纸张样品上的霉斑去除效果较明显。

岁月的痕迹，历史的沉淀，闪烁千年万载。人类通过研究微生物让文物不仅保存在记忆里，还能长远地绽放在岁月里，见证人类文明的变迁，经久不衰、历久弥新。

它曾经是粒椰果，后来修文物去了

什么？它居然不是果肉？

我们常喝的奶茶和常吃的罐头甜品中都会加入 Q 弹爽滑的椰果，它的口感比果冻更有韧性。不少人都以为椰果就是椰子的果肉，但椰果并不是天然的椰子果肉，而是人工培养出的细菌纤维素，我们是否会感到被细菌支配的恐惧呢？

其实完全不必谈菌色变，因为随着工业革命的兴起，细菌纤维素这种性能优异的新型材料已在食品、药品、化工等多个领域发挥作用。那么细菌纤维素是如何凭借其优异的性能，在纸质和木质文物保护领域大展身手的呢？

椰果

中国的"醋衣"，外国的"椰果"

地球上最常见的有机材料——植物纤维素，是自然界中资源极为丰富的可再生性高分子有机物，也是食草动物的主要能量来源，它间接地为人类提供源源不断的资源。细菌纤维素和植物纤维素具有相同的分子结构单元，但细菌纤维素有许多独特的性质。

已知最早的细菌纤维素的人工制造应用来自于菲律宾的高纤椰果（nata de coco）。20世纪中期，一种由菠萝汁发酵制成的果冻状的耐嚼食物nata de piña在菲律宾广泛流行。然而，菠萝的收获受季节制约，无法全年供应。

细菌纤维素的培养

一名菲律宾国家椰子公司的化学研究员发明了用富含糖的椰子水发酵出替代菠萝果冻的食物。作为土生土长的菲律宾人，这位研究员发现人们在生产椰片、椰蓉时，浪费了大量的椰子水，这些废弃椰子水的表面能形成一种半透明的凝胶膜，他从中分离出了木醋杆菌。用添加木醋杆菌的椰子水发酵制成的高纤椰果从此风靡世界。

还有一种细菌纤维素在中国叫"醋衣"。北魏时期的农学家贾思勰在《齐民要术》中记载了酿醋工艺："七日后当臭，衣生，勿得怪也，但停

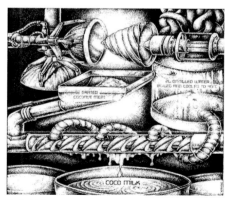

椰果制作

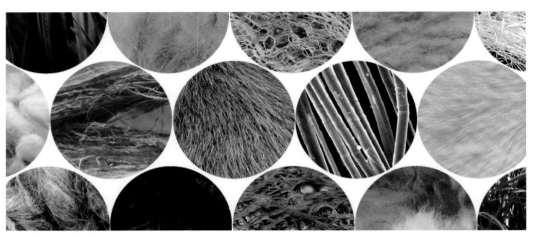

天然纤维

置，勿移动、挠搅之。数十日，醋成，衣沈，反更香美。日久弥佳。"这里的"衣"便是"醋衣"。

大家在日常生活中很可能见过"醋衣"。如果家中存放有家酿或者手工作坊生产的醋，有些醋的表面会长出一层白色的膜，这便是"醋衣"。

醋衣的形成是由于传统制醋法没有经过工业制造醋环节中的巴氏灭菌等手段，这些醋内可能残留一些活着的醋酸菌，它们和还未发酵完全的糖类等物质，为细菌的生长提供了适宜的环境，于是大量的细菌纤维素便产生了。

不能溶于水的细菌纤维素不断积累，形成了我们肉眼可见的白色"醋衣"。它们之所以看起

醋衣

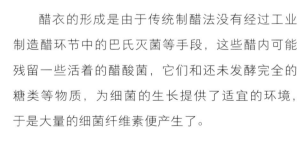

来圆润、膨胀，也是因为细菌纤维素有较强的持水能力，且不易失水。

古籍逢春——细菌纤维素修复纸质文物

造纸术是中国四大发明之一，也是对世界文明的伟大贡献，它推动了人类社会的发展和进步。纸张作为文字、图画的载体及传播工具，是人类文明的忠实记录者。

纸质文物不仅会遭到"生物攻击"——当"狐斑"爬上了达·芬奇的脸，可能还会发生物理性质的改变：糟朽、易碎、字迹不清，甚至到无法被翻动的程度。这些都是由纸张纤维被水解、空气氧化、机械损伤等因素造成的。

糟朽纸质文物

对于纸质文物的加固保护，传统技术大概分为四种：托裱加固、丝网加固、派拉纶真空镀膜加固和树脂加固。但这些方法都可能在装裱过程中对纸质文物的原貌和质地造成一定程度的破坏，不符合保护纸质文物"修旧如旧、保持原貌"的要求。随着对细菌纤维素应用的深入研究，目前可以把对纸质文物的保护，由"能不处理就不处理"提升到一个新的发展阶段。

纸张由植物纤维组成。造纸过程中用到的植物

丝网加固技术

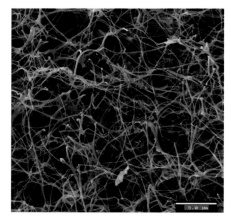

扫描电镜下的细菌纤维素

纤维材料主要有稻草、竹子、树皮、麻类等。所以，对于纸质文物内部纤维的修复需要使用与植物纤维素具有类似结构的物质。细菌纤维素与植物纤维素结构类似，都是由 β-1，4- 糖苷键聚合而成。它有着良好的生物相容性，在植物纤维之间可以起到搭桥作用，能与植物纤维很好地结合。

细菌纤维素具有优异的性能，这使得它几乎可以长成任何形状，是环境友好物质，更是修复纸质文物的理想材料。

细菌纤维素进行活化、溶解，渗透到纸张植物纤维孔隙中，通过再生等过程在纸张植物纤维之间进行织补嫁接，进而起到加固修复与保护的目的。

西班牙科学家萨拉·M.桑托斯（Sara M. Santos）等人发现，使用细菌纤维素膜做衬纸的纸质文物会具有更高的光泽度，且可以达到与常用加固材料的日本和纸同样的力学性能。细菌纤维素膜衬纸对纸质文物上的文字不会形成明显遮盖，光学性能更加优越。

科学家将细菌纤维素浆液均匀地刷涂在档案纸张表面，通过调节浆液浓度、打浆转数、涂布量、温度等因素优化修复质量。经过研究，科学家发现涂布细菌纤维素后，纸张的撕裂度、抗张力、耐折度等机械指标均有所提升。将经过活化处理的浓度为 1.0% 的细菌纤维素，溶解在乙醇等复配溶剂中，然后喷涂到宣纸样品上，在 30 ℃ 的条件下进行干燥，这便是加固过程，这样做明显提高了纸张的抗张强度。此外，他们还使用甘油对加固后的纸张进行塑化处理，进一步改善了纸张的柔软性。

这些研究发现都充分证实了细菌纤维素用于纸质文物保护的可行性。

左：原书
中：以细菌纤维素为衬纸的书
右：以日本和纸为衬纸的书

刀木春秋——细菌纤维素修复木质文物

古往今来，从建筑、家具到生活用品，都有木的影子，木之美感、得之天然。木质文物在浸润了光阴后，展现了文化沉淀的惊鸿之美，但也少不了留下岁月侵蚀的破败和沧桑。

细菌纤维素良好的生物相容性和理化性质使其

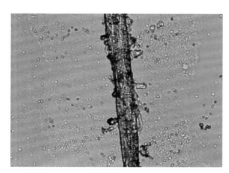

细菌纤维素与木质纤维的亲和

醋酸杆菌纤维素填充形态

木醋杆菌加固横截面

成为木质文物加固材料的优质备选。在严格的无菌、恒温条件下，将木质文物与产纤维素菌株共同培养，细菌繁殖分泌的细菌纤维素能很好地填充木质文物的坍塌结构。

细菌纤维素不仅能修复连接断裂的纤维素，还可以有效补充水下出土的饱水木质文物在长期浸泡过程中流失的纤维素（因细菌纤维素能溶于水），对木质文物的外貌有着令人惊艳的保护和修复效果。

使用细菌纤维素对木质文物进行修复保护，不仅可以保证木质文物在修复后具有优秀的抗拉强度，同时因其属于超纳米级材料，还保证了细菌纤维素和木质文物良好的嵌合性。此外，细菌纤维素的化学成分和结构都不同于木质文物中的纤维素，这也保证了修复的可逆性。

能生产细菌纤维素的最常见菌种是醋酸杆菌，其中又以木醋杆菌为代表，其他菌种还有根瘤菌、假单胞菌、固氮菌和产碱菌属等。

然而在实际操作中，将单一菌种与木质文物同时培养来进行加固的方法，仍面临着许多问题。比如产细菌纤维素的菌种对温度有一定要求，且需要在无菌条件下培养，否则极易受到杂菌污染。如果培养时出现污染，会导致产细菌纤维素的菌种迅速衰败凋亡，还可能对木质文物造成二次破坏。

有没有更好的办法呢？红茶菌是一种可以生产细菌纤维素的混合菌种，在它的菌种体系内，包含醋酸杆菌、酵母菌和乳酸菌等微生物，各种菌种在生长繁殖的过程中联系紧密。在发酵过程中，醋酸杆菌代谢产生乙酸，果糖被酵母菌发酵代谢产生乙醇。乙酸和乙醇的存在，以及茶叶中的茶多酚，都具有一定的抗菌性，使得菌群不易受到外界环境的污染。这样就既能保证细菌纤维素的产量，又能使菌种和木质文物免受污染，为加固木质文物提供了全新的思路。

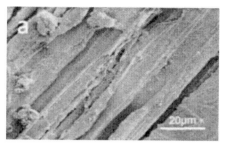
木材样品红茶菌加固前

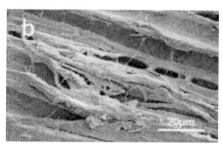
木材样品红茶菌加固后

养菌千日，方可对症下菌

大家可能见过这样的场景：清洁工人对着满是随意涂鸦的墙壁不断叹气，他们为了清理这些喷漆涂鸦，甚至使用了喷砂机、铲子、磨砂纸和油漆助溶剂，但有些不太管用、有些成本高昂、有些还可能会毁坏建筑基材。斑驳的图案和标语为整洁明快的城市徒增疮痍。

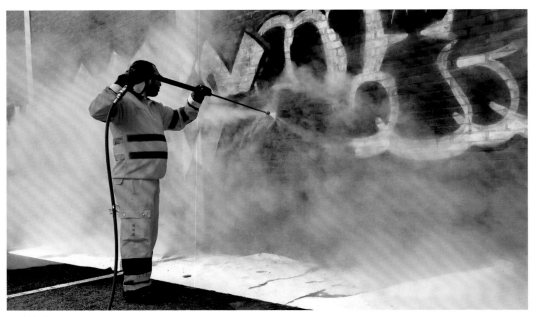

涂鸦清洁

在许多城市建筑上偷偷"快闪"的涂鸦也许能够放大私人愉悦，却对公共空间造成破坏，不良影响也被不断放大。

从文保中走来的细菌清洁

在世界各地的墙壁、桥洞和地铁站等处能看到风格各异的涂鸦，涂鸦可能会给各种类型的建筑材料带来破坏。由于涂鸦颜料中挥发性气体的排放，还会对空气造成一定程度的污染。在公共场所和历史建筑的保护中，清除涂鸦（即常见的气溶胶喷漆）需要地方政府大量的财政支出。例如在 2008 年，西班牙政府为去除圣地亚哥 - 德 - 孔波斯特拉市建筑物上的涂鸦，花费了 150000 欧元。

法国拉斯科洞穴壁画

　　那么是否有既环保、不伤及基材，又成本低廉的清洁方法呢？科学家把目光放在了细菌清洁的方向上。

　　使用细菌微生物清洁的第一个学术研究出现在 20 世纪 70 年代，蒙克里夫（Moncrieff）和亨普尔（Hempel）在大理石雕塑上使用生物压缩剂和带有微生物的敷料（选定的是厌氧硫酸盐还原菌），以去除石头上的风蚀黑色结晶和盐分。

　　在过去的几十年中，此类研究大多致力于通过使用非致病性厌氧微生物（主要是硫酸盐还原菌）从表面去除硝酸盐、硫酸盐以及有机物。最终，科学家研发出一种基于使用细菌微生物去除建筑材料上的涂鸦颜料，同时尽量不损坏基材的生物方法。

然而，实验室中得来的方法却面临很多现实难题。涂鸦颜料的成分各不相同，包含各类颜料、黏合剂、溶剂和其他无机物添加剂。各类颜料有无机的和有机的；黏合剂分为天然的（源自植物或动物）、合成的（主要为树脂，例如醇酸树脂、丙烯酸树脂和聚乙酸乙烯酯），以及半合成聚合物（例如硝化纤维素）；涂鸦颜料的溶剂则通常使用烃类溶剂、含氧溶剂和水，还包含少量不同的添加剂，例如增塑剂、分散剂、pH 缓冲剂和杀菌剂。

因此，清洁中使用的微生物菌株必须表现出对涂鸦颜料的高度耐受性，并且必须能对涂鸦颜料产生降解的作用（最好是在有氧条件下）。然而，科学家研究后发现同时满足这些要求有一定的难度。

细菌清洁，道阻且长

尽管困难重重，在世界各地仍有科学家在细菌清除涂鸦方面取得了不错的成果。

受到用细菌清除壁画上的动物胶启发，科学家将细菌与涂鸦颜料粉末共同培育，使细菌仅以涂鸦颜料粉末作为碳源来生长。

意大利科学家贾科穆奇（Giacomucci）等人研发的脱硫弧菌 ATCC 13541 在厌氧条件下培养 49 天后，可降解硝化纤维素胶黏剂和涂在玻璃片上的红色涂鸦喷漆。

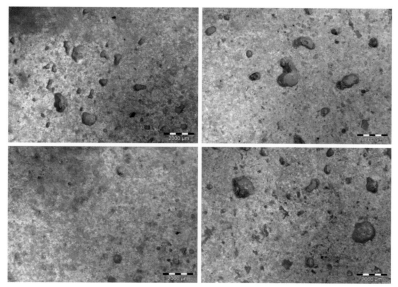

红色涂鸦颜料的细菌降解过程

　　美国科学家圣马丁（Sanmartín）等人发现的一些好氧微生物可以降解涂在玻璃片上的黑色涂鸦喷漆（含有醇酸和聚酯树脂或清漆）。这些微生物包括节杆菌属、芽孢杆菌属、戈登氏菌属、微杆菌属、泛菌属和假单胞菌属以及一种属于链格孢属的真菌菌株，它们在有氧条件下培养了 25 天后成为良好的生物清洁剂。

　　圣马丁等人在后续工作中研究了另外 8 种细菌清除样品表面的涂鸦的能力。这些细菌来自美国模式培养物集存库（ATCC）和德国菌种保藏中心（DSMZ）的微生物集。

　　其中，产气荚膜杆菌 ATCC 13048、picketti 假单胞菌和一个未识

细菌清洁涂鸦实验

别的芽孢杆菌物种的混合物 ATCC 53922，以及丛毛单胞菌属 ATCC 700440 对涂鸦颜料的存在表现出高度的耐受性，并有一定的能力降解样品表面的涂鸦。

此外，意大利科学家开发了一种基于脂肪酶催化活性的方法，用于去除马克笔墨水（这种方法也常被用于清除街头涂鸦）。

分步展示，庖丁解牛

让我们来试着还原科学家的实验过程吧。

首先，将细菌与涂鸦颜料粉末共同培育，假设细菌可以仅以涂鸦颜料粉末作为碳源来生长。接着，选择实验所用的岩石来模拟墙面涂鸦的基材，可以选用轻微风化的花岗岩和人造混凝土。

在这两种天然和人造石材的表面涂上各种颜色的涂鸦喷漆。待干燥后，按照圣马丁的方案对石材进行灭菌。用无菌刷子在两种石材的喷漆表面上均匀涂抹一层选定适应性细菌悬浮液，再敷上加湿棉花或适量的温琼脂，在样品周围贴上胶带以防止琼脂滴溢出。然后将所有实验样品放在塑料托盘上并用塑料薄膜覆盖，以防止悬浮液变干，这些操作最好在层流罩内进行处理，尽量减少环

（a）粉状涂鸦的制备　（b）银色和黑色粉状涂鸦颜料　（c）辅以黑色粉状涂鸦颜料的应用溶液

境污染。

　　在室温下放置 20 天后移除琼脂和棉花，并用无菌水和无菌刷子清洁石材样本的表面，使其干燥以确保没有活的微生物留在处理过的表面上。使用 CFU 计数、目视检查、光学显微镜分析、颜色测量以及傅里叶变换红外光谱（FTIR）测试，来评估样品中所选细菌的存在，以及粉状涂鸦和涂漆测试样品涂鸦的潜在降解。

　　通过光学显微镜检查样品，发现涂鸦颜料粉末颗粒周围形成了生物膜，这意味着细菌确实试图在降解涂鸦颜料。琼脂在整个实

天然和人造石材的无涂层和有涂层样品

验期间的 20 天里都保持潮湿，且在反应结束后容易被清除。然而，棉花大约每五天就必须加水以保持湿润，它比琼脂更容易被周围的真菌污染；在清除时，棉花纤维会黏在涂漆的样品上不易被去除。这表明琼脂是最合适的载体。

在目视检查时，我们会发现涂鸦颜料有被细菌降解的明显痕迹。这种基于涂鸦的培养基可以帮助未来选择用于生物清洁目的的微生物。其他微生物也可以使用这种培养基进行评估，以提高去除涂鸦的效率和特异性。涂鸦清除是一项艰巨的任务，涉及许多因

（a）将细菌悬浮液刷到石材
样品的颜料层上后加入温热
的琼脂
（b）琼脂处理过的石材样品
（c）使用琼脂（左）和棉花
（右）载体处理并用塑料薄
膜覆盖的石材样品

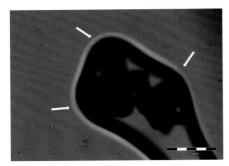

被生物膜包围的涂鸦颜料粉末颗粒的显微照片
（白色箭头）

素，例如基材的类型（化学成分、质地、孔隙率、硬度等）、基材和涂鸦颜料的风化程度等。

在花岗岩和混凝土或类似的建筑材料（如大理石、砖块）上涂鸦会导致材料支撑物与涂鸦成分之间产生非常强的黏合力，从而使清除变得非常困难。基材的多孔性在黏合过程中起着重要作用，未来的研究应测试不同的表面光洁度，以及多孔和少孔建筑材料（如金属、石灰砂浆），以研究颜料和支撑物之间的相互作用在生物清洁过程中的作用。

去除涂鸦后，多孔基材会留下永久性污渍，而塑料、釉面陶瓷、金属和玻璃基材则更易清洁。

（a）混凝土上的黑色涂鸦颜料层和 （b）生物清洁处理 20 天后

此外，高压热水和化学试剂（传统技术）可能会渗透基材并造成不可逆转的损坏。使用激光去除涂鸦技术的缺点是，这种技术会明显地改变基材的颜色，如引起变黄。与这些处理方法相比，生物清洁对基材的影响相对较小，甚至能够保留基材原始的色泽，生物清洁的成本也会比激光和超声波等新的物理清洁方法更低。

沉眠于岁月痕迹下的文物，细菌清洁还你最初的风采；被随意涂鸦破坏的城市建筑，细菌清洁还你整洁美观的市貌。细菌清洁的研究之路漫漫，未来我们将继续探索。

04

当细菌悄悄
蔓延进未来

4.1 细菌·衣

被细菌"感染"的时尚圈

随着"第四次工业革命"的到来,人工智能、新材料、基因工程、虚拟现实、量子通信、清洁能源等作为新兴科技,为我们的生活带来更多的可能性。当然,不断发展的生物科技也为设计师们开启了新的创作之门,他们用活细胞来作为设计和制造工具之一,这包括使用细菌、植物、真菌等的细胞。我们把这种技术统称为生物制造。

以细菌纤维素为典型案例的生物制造就是一种变革式的制造理念,其不通过加工植物、动物或原油来实现目的,而是直接用生物去培育材料。生物制造为我们打开了设计与制造的全新世界。

种衣服的苏珊娜

设计师苏珊娜·李(Suzanne Lee)是美国纽约的一名时装设计师,也是英国中央圣马丁艺术与设计学院的高级研究员,她致力于时装设计和未来生物制造技术研发。

苏珊娜自 2003 年以来一直在为时尚产业研发微生物材料,她是生物材料制造界的先驱者,并且创造了"生物时装"(Biocouture)一词。

在"生物时装"项目中，她使用含糖的茶水培养特定的细菌。细菌发酵后会产生纤维素，最终，设计师们将获得一张"布料"。晾干"布料"之后，他们就可以将它裁剪并缝制成各式衣物、鞋子和手袋。

该项目的初衷在于节约时间和成本。设计师们不用花费大量时间在土地里栽培棉花等作物，而是只用几天时间，在实验室里培养微生物，就可以生产出纤维材料。这些纤维材料可被用于生产出各式各样的"生物时装"。

生物时装

细菌纤维素布料

传统的织物生产工艺需要种植作物，并只收获作物特定的部分，例如棉花种子上的纤维。之后需要将其制成纱线并纺织成面料，再裁剪缝制成衣物。所有这些工序可能需要花费几个月的时间。而"生物时装"只需要几天时间，就可以在实验室里培养出材料并将其转换成一系列产品。

因此，生物制造的优势显而易见：从减少材料生产的工序，到降低所需水、能源和化学品的数量，再到实现零肥料。这些优势显著提升了纺织品领域资源效率。

茶 + 糖 + 细菌 = 衣服？

前面我们提到了苏珊娜在她的实验中采用了一个独特的方法，即使用含有糖水的茶作为培养基来培养一种特定的细菌。这种特定的细菌，就是革兰氏阴性菌，它们在生物学和医学研究中占据着重要的地位。

革兰氏阴性菌是一个广泛且多样的细菌群体，包括了众多对人类生活有着重要影响的菌种。例如，大肠杆菌、肺炎克雷伯菌、铜绿假单胞菌等，都是革兰氏阴性菌的代表。当然，除了常见的几种，产生纤维素的革兰氏阴性菌主要包括木醋杆菌、固氮菌、根瘤菌等。

生产纤维素最有效的细菌之一是木醋杆菌，因其能够从广泛的碳源和氮源中生产高水平的纤维素聚合物。木醋杆菌被作为纤维素生产和应用研究的模式微生物。

风干中的细菌纤维素

当细菌以茶糖水为食，产生于培养液并浸泡在其中的细菌纤维素也开始生长。细菌纤维素作为一种有机化合物，具有超细网状纤维结构，呈半透明凝胶状且质感富有弹性，就像是一块形状不规则的神奇生物组织。它纯度高、强度高、可塑性和保水能力强，堪称天然的纳米级"海绵"。当细菌纤维素形成纤维素垫并达到合适的厚度，设计师会烘干这些材料，平放裁剪后进行服装制作。

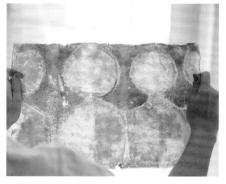

细菌纤维素面料

罗米娜的作品

百花齐放的细菌时尚

苏珊娜并不是唯一一位让时尚从车间走向实验室的设计师。生活在意大利的阿根廷设计师罗米娜·卡迪洛（Romina Cardillo）同样致力于时尚的可持续发展研究。她认为，诞生于实验室的纺织品使时尚与科学结合在了一起。她表示，不去过多注重服装样式的设计，而是更专注原材料的开发，是服装未来要走的一条路。她的展厅犹如一间时尚实验室，挂满了利用发酵与生物培养制成的细菌纤维素面料。

一个名为 K-Lapse 的生物时尚项目中也使用了细菌纤维素。设计师将生物面料与普通面料相结合，设计并制成服装，从而发挥不同面料的特性。其中细菌纤维素被用来制作具有功能性的细节，如口袋。它可以让口袋具有一定的透明度。

此外，在与皮肤的接触中，细菌纤维素会因为人的体温而变软，这种材质能适应人的身体，给人以特别的舒适感。

由于细菌纤维素具有吸水性，与水接触会使其变得脆弱而易碎。针对这一特性，专家研发了适合细菌纤维素的纳米涂层，其使细菌纤维素"皮革"变得更加耐水，即使水温达到30℃，细菌纤维素"皮革"也不会受损。

用细菌纤维素生产的各种环保且实用的新材料，还被用于许多时尚设计作品中，设计师们的创作使这种细菌时尚逐步走向成熟。

细菌纤维素在编织中的应用

在修复文物时，文物修复专家使用细菌纤维素在文物的植物纤维之间进行织补嫁接，其可以起到空间搭桥的作用。那么是否可以单纯使用细菌纤维素来编织物体呢？

K-Lapse 作品

英国的生物材料初创公司 Modern Synthesis 的微生物纺织技术，将现代纺织技术与未来生物技术理念相结合，目的是寻找替代源自动物和石化产品的纺织材料，帮助时尚行业降低碳排放。该公司利用转基因优化后的 K.rhaeticus 菌进行"微生物编织"，织出了一种可生物降解、成本低、坚固且重量轻的生物材料。

这种"微生物编织"工艺模仿了传统编织的经纬纱技术，用机器人将细菌纤维素放置在所需形状的网状框架中。这种网状框架非常精细，看起来像半透明的凝胶。经过 10~14 天，转基因细菌在这个网状框架中长成生物编织材料，其可以不

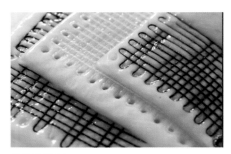

微生物编织

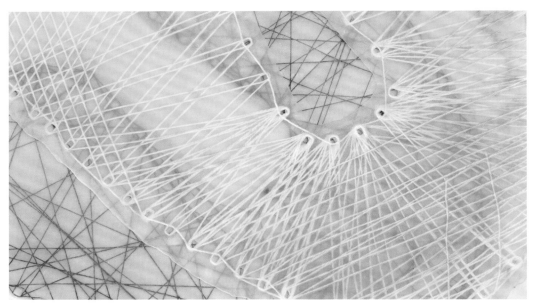

"编织"中的细菌纤维素

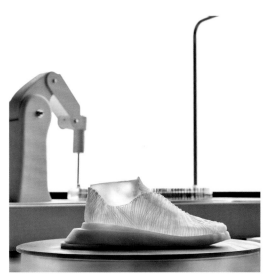

细菌纤维素鞋

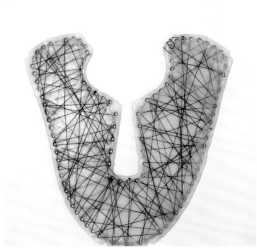

"编织"中的细菌纤维素

经过缝纫就能按需求完成作品。同时，在不使用化学品的情况下，可通过对细菌进行基因改造为织物着色。

用微生物编织技术而完成的首件作品是一只鞋，与生产一件普通棉质 T 恤需要 2720 升水相比，生产这只鞋的用水量不到 10 升，生物制造科学正在探寻更有效的方法来减少使用自然资源，保护环境。这只鞋除可生物降解外，还是无毒且可食用的，那么在保质期到来之前，谁可以一饱口福呢？

如果你的牛仔裤上充满"细菌"

牛仔裤的靛蓝革命

我们穿的牛仔裤有各种款式和颜色，但有一种色调最受欢迎且永不过时，那就是靛蓝。

为了满足世界对蓝色牛仔布看似永不停歇的热情，染料工厂每年都会生产超过 45000 吨合成靛蓝染料。如此之大的产量带来了不少环保问题。

一方面，合成靛蓝的原料是石油化工产品苯胺，合成染料的过程也会产生多种有毒有害的化学品，如氰化氢、甲醛、强碱等。另一方面，靛蓝微溶于水，这使得它在染色过程中必须先被转化为易溶于水的形式——被称为隐色靛蓝的靛白，靛白吸附至织物中的纤维表面，再重新氧化成为靛蓝，织物才被染成蓝色。这个过程会产生大量具有腐蚀性的硫酸盐和亚硫酸盐，这些有毒废料被排入河流，对环境会造成极大的污染。时尚行业蓬勃发展，人们对服装染料需求的逐年升高，这也造成了环境污染问题日趋严重。

大肠杆菌给出答案

为了保护生态环境，是否要牺牲掉人们对牛仔服饰的热情？科学家总有办法，他们宣布开发出了一种环保技术来生产牛仔染料。这种技术使用实验室培养的大肠杆菌来制作靛蓝染料。虽然目前该技术尚不具备商业可行性，但它有望对历史悠久但非持续性的靛蓝染色工艺进行革新。

那么，细菌是如何给牛仔裤"染色"的呢？这个灵感来源于自然界。

一些植物中具有靛蓝色素的"前体"，经过一定的化学反应，可以变成靛蓝色素，比如菘蓝中含有的吲哚酚，它不是很稳定，植物就在葡萄糖基转移酶的作用下将其转化为稳定的吲哚苷，便于储存。在人为可控的环境条件下，吲哚苷会转化回吲哚酚，由于吲哚酚不稳定，会发生氧化，形成靛蓝，进而将叶子染蓝。

参考这个过程，研究者借助基因工程手段，将

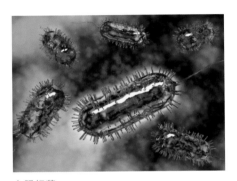
大肠杆菌

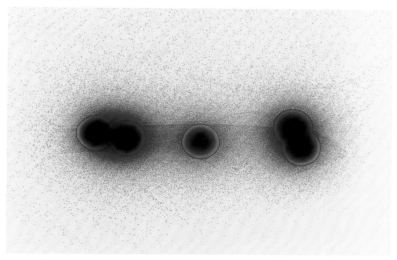

大肠杆菌的菌落（经过基因改造以产生靛蓝染料）

菘蓝中的葡萄糖基转移酶基因植入大肠杆菌体内，这样，大肠杆菌便拥有了合成吲哚苷的能力，然后研究者再提取出这些吲哚苷，溶解在水中，以相同的环境条件，使其转化回吲哚酚，再进行氧化，便形成靛蓝染料，从而染色成功。

这可谓是向大自然学习借鉴的典范。利用生物工程的染色方法比传统化学合成方法更为环保。你的牛仔裤是细菌"染"成的吗？

看蓝菌尽染，漫衫碧透

其实，使用植物和微生物作为天然染料的历史十分悠久，比如我国民间传统的草木染和扎染工艺，晕色丰富、变化自然且趣味无穷。

然而到了 19 世纪，随着合成染料的快速发展，化学织物染色因其标准化和规模化的生产代替了传统植物染色。相较于植物染色，化学染色具有色泽鲜艳、价格低廉、生产便捷的优势，因此，植物染色的传统工艺和技术受到前所未有的冲击。

但近年来，全世界环保意识逐步提高，服装行业也逐渐意识到化学染料具有污染环境、危害健康等隐患。数据显示，所有工业用水污染中近 20% 是由服装染色或处理引起的。在追求高品质、绿色环保、安全健康的消费趋向下，人们开始关注新型环保的染色技术。

津巴布韦的合成生物设计师纳赛·奥德丽·基耶萨与伦敦大学学院合成生物学教授约翰·沃德（John Ward）合作，他们也在研究如何使用细菌染色来取代对环境有害的化工靛蓝染色。他们选用天蓝色链霉菌进行反复的实验，这是一种在植物根部常见的非致病性菌种，研究结果发现，培养细菌过程中的 pH 值、时间、温度和培养皿的大小等因素都会影响颜色的呈现。

基耶萨在实验中把大量不同材质的织物浸泡在天蓝色链霉菌的稀释液体培养物中后，再将它们置于琼脂生长培养基的表面。经过数日的培养，无论在织物表面还是在织物和培养基之间，都被天蓝色链霉菌繁殖生成的菌落覆盖。

随着菌落不断扩大，数以百万计的细胞产生了大量肉眼可见的色素，延时摄像机也记录下颜色窸窣蔓延的过程。这样的染色方法用水量是化学染色法用水量的 1/500，同时减少了对环境有害的化学

天蓝色链霉菌

合成物生成。

　　基耶萨将一条丝巾接种了少量的天蓝色链霉菌，再放入直径 150 毫米的培养皿中进行"培养染色"。随着天蓝色链霉菌落的繁殖，丝巾呈现出清丽质朴的色彩。

　　艺评人丽兹·斯汀森（Liz Stinson）被其美妙的色彩所吸引："我从没想过会戴一条被细菌覆盖的丝巾！然而当我真切地见到它时，却很渴望拥有这个用天蓝色链霉菌染色的艺术品！"

接种了天蓝色链霉菌的丝巾

细菌会"自发"地在营养丰富、氧气充足、温度适宜的条件下产生色素。而由剑桥大学科学家创立的英国生物技术公司Colorifix，通过在生物体中复制颜色DNA信息，则可以为细菌"手动"上色。

过程是这样的：从鹦鹉羽毛上刮下一些带有色素的细胞，在其中寻找能使羽毛变色的DNA信息，并将这串DNA信息复制置入某种细菌中，使细菌呈现与羽毛相同的颜色。之后，将染色的细菌直接涂在纺织品上并加热到细胞膜破裂。这样，细菌的色素就会留在织物上，随着织物上的细胞膜被洗掉，染色完成。

何日菌再蓝

在电影《穿普拉达的女王》中，主编米兰达对安迪说："你以为你穿的这件蓝色羊毛衫是自己的随意选择，与时尚毫不相干，其实不然，它的蓝色来自时尚界最权威的新品发布会，之后蓝色衣物才风行于全世界各大商场。所以你的服装颜色是掌握时尚话语权的人替你选的。"

那我们是否可以设想在未来的某一天，细菌也能够在时尚行业拥有举足轻重的话语权，替我们决定今天穿哪种蓝色的细菌。

Bac
in lo

4.2 细菌·食

　　未来的食物会来自哪里？细菌？永远不要小看这些微小的生命，也许在未来的某一天，人类会依靠它们生存下去。

　　人们借助微生物的生命活动来制备微生物菌体本身，或者其代谢产物的过程叫作发酵。同与人类生活息息相关的发酵食品（酒、酸奶、干酪、面包、腌菜、腐乳）一样，细菌纤维素也是一种发酵环境下的产物。

细菌下午茶

　　细菌纤维素本身是一种膳食纤维，具有高纤维素、低脂肪、低热量等优点。作为一种食品成分，细菌纤维素的主要优势之一是它不会被人体吸收，除了有助于优化口感之外，它与其他膳食纤维一样，有利于肠道消化。

　　也许你会否认自己曾吃过细菌纤维素，但甜品和奶茶里的"椰果"你一定不陌生，它就是最常

椰果奶茶

康普茶

见的一种细菌纤维素。

近些年流行的康普茶并不是一种新型饮料，这种发酵茶饮也叫茶菌，是一种有着悠久历史的民间传统酸性饮料。

加入糖的茶汤经细菌发酵后产生微量酒精与醋酸，从而生出一股独特的酸甜感。

我们可以通过制作康普茶，也就是茶菌，去获取不在实验室也可以培养的家庭版细菌纤维素。

以下是使用 1000 毫升康普茶生产细菌纤维素的培养方案。

第一步，准备康普茶原液 1000 毫升，红茶包 10 克左右（约两包）。

第二步，准备一个容器，玻璃瓶、陶瓷瓶都可以，洗干净后使用酒精消毒，不要再度冲水。

第三步，使用干净的锅或茶壶，加入 5 千克水、红茶包和 500 克左右的白糖。将茶糖水烧开后关火降温，降温到不烫手后取出茶包。

第四步，将康普茶原液加入容器中，再加

入降温后的茶糖水搅拌均匀。容器不要加满，离瓶口 5~10 厘米。

第五步，方巾封口，用皮筋扎好。细菌发酵需要氧气，将瓶盖轻轻拧上，不要拧紧。温度 30℃时发酵 4 天，25℃时发酵一个星期，15℃以下停止发酵。

发酵后，液面上会慢慢长出细菌纤维素膜，这时就可以将其取出使用了。发酵好的康普茶味道酸酸甜甜，是一种可以促进消化、有益健康的饮品。

细菌肉丸

过高的脂肪摄入会引发多种健康问题，包括肥胖、糖尿病、高胆固醇和心脏病等。消费者对高脂肪饮食警惕性的提高，拉动了对低脂产品的消费需求。为了减少食物中的脂肪含量，科研人员已经做出了许多努力。与高脂肪食物相比，低脂食物通常口感较差，因此寻找合适的脂肪替代成分，确保低脂食物的良好口感，是目前面临的重要挑战。

细菌纤维素目前被用作制作肉丸等产品。其特别的网状结构可以增强食物的弹性、口感和持水能力，同时，细菌纤维素也可用来替代食物中的脂肪成分，从而达到减肥效果。

细菌纤维素也被用来与红曲提取物结合，制备肉类替代品。红曲是一种产生黄色、橙色或红色聚酮色素以及抗高胆固醇血症剂的

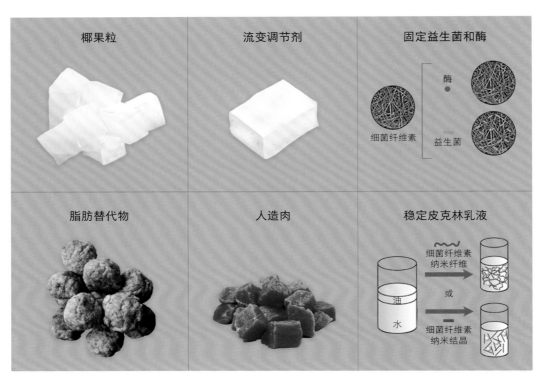

细菌纤维素的食品应用

霉菌。用这种霉菌进行细菌纤维素发酵会产生有色产物，这种有色复合材料已被用作以肉类替代物为主的新型功能性食品原料。

细菌冰淇淋

细菌纤维素作为食品添加剂同样功能强大，可用作增稠剂、稳定剂以及脂肪替代物等。例如在冰淇淋的加工中，细菌纤维素不仅可以替代脂肪，赋予冰淇淋与传统的低脂配方相比更好的口感；还可以增加其黏度和熔融时间，支撑物理结构，有助于温度波动时的形状保持。细菌纤维素可以使冰淇淋在室温下保持其形状至少 60 分钟，而不含细菌纤维素的对照冰淇淋则在同一时间内完全融化。

利用大豆乳清发酵得到的细菌纤维素作为稳定剂，可应用到冰淇淋的加工当中。试验证明，细菌纤维素可以替代黄原胶、卡拉胶等稳定剂，不仅可以改善口感，还能呈现爽口的香甜味。同时添加细菌纤维素的冰淇淋还具有一定的膳食保健功能。

传统冰淇淋（左）与添加细菌纤维素的冰淇淋（右）

4.3 细菌·住

生物矿化

提到细菌为"住"所做的贡献，我们不得不先讲一下生物矿化。生物矿化指生物体产生矿物质的过程，是一种自然界极其普遍的现象。由珊瑚虫分泌的碳酸钙构建起的珊瑚，就是生物矿化材料的一种。从微生物诱导的碳酸钙沉积，到贝壳、鹿角、骨骼和牙齿等，从微观世界到宏观世界，自然界中存在着各种各样的生物矿化材料。这些生物矿化材料都可以为我们的生活"添砖加瓦"。

常见的组成生物矿化材料的矿物质有珊瑚、贝壳、骨骼、牙齿等。它们与胶原蛋白和几丁质等有机聚合物结合，构成了生物矿化材料的主要成分。

生物矿化过程将硬物质与软物质，无机与有机材料组合在了一起。组成生物矿化材料的主要无机成分均广泛存在于自然界中，甚至有的矿物质从组成和结晶方式来看与岩

贝壳与珍珠

Bact
in lov

石圈中相应的矿物都是相同的。然而，生物矿化材料具有常规矿物不可比拟的优点，如高强度、高断裂韧性、优异的减震性能以及良好的表面光洁度。这些不同寻常的性能来源于在特定生物条件下，材料的巧妙生成过程及其所具有的精细的微观结构，这便是生物矿化的魅力所在。

以方解石形态存在的碳酸钙

微生物诱导碳酸钙沉淀

碳酸钙沉淀形式的生物矿化可以追溯到前寒武纪。能引起碳酸盐沉淀的主要微生物群包括蓝藻和其他微藻、硫酸盐还原菌以及一些参与氮循环的微生物。

微生物诱导碳酸钙沉淀过程（microbially induced calcium carbonate precipitation，MICP）有几种机制，包括尿素水解、反硝化作用、硫酸盐生成和铁还原。某些微生物还可用于模拟自然界的这一矿化过程，产生具有胶结作用的碳酸钙沉淀。

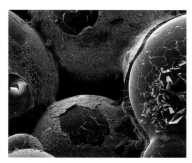

微生物诱导碳酸钙沉淀微观影像

由于尿素水解细菌（如芽孢杆菌）在自然界分布广泛，且水解机制简单、反应过程容易控制、短时间内可产生大量碳酸根离子等原因，所以目前对尿素水解细菌的微生物诱导碳酸钙沉积技术的研究非常广泛。在岩土工程和地质工程领域都有巨大的应用前景。涉及的领域包括地基加固、裂缝修复和覆膜、土壤放射性核素和重

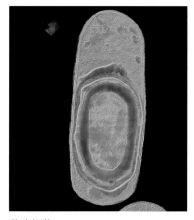

芽孢杆菌

生物水泥生产车间

金属治理、改善基础抗渗性、提高土体抗液化能力、提高边坡稳定性、土体抗风蚀处理、土石质古迹的修复和滨海海岸侵蚀防护等。

生物水泥

传统水泥和混凝土生产所排放的二氧化碳目前占全球二氧化碳排放量的 7% ~ 8%。随着建筑行业的持续发展，混凝土成了世界上用途最广、用量最大的建筑材料，但其主要成分水泥并不是一种可持续发展的胶结材料。每生产 1 吨水泥就会排放近 1 吨二氧化碳，这会严重影响生态环境，并可能给人类未来的生活带来灾难性的后果。

生物水泥公司 Biomason 于 2012 年创立，是利用微生物诱导碳酸钙沉淀技术生产混凝土的公司，总部位于美国北卡罗来纳州三角研究园。他们使用微生物在特定的环境和温度下培育生物水泥，利用生物矿化的力量改造传统水泥，提供对地球更友好的替代品。他们的目标是在 2030 年，以生物水泥材料减少混凝土行业 25% 的碳排放量。

混凝土修复胶囊

无论如何混合和加固混凝土，最终它们都会产生开裂的问题。这些裂缝如果不加以修复，就可能会导致建筑的坍塌。据估计，仅在美国，每年因混凝土腐蚀开裂而导致的公路桥梁维护和维修成本就达 40 亿美元。

琼克斯与自修复混凝土

微生物学家琼克斯于 2006 年开始研究利用细菌制造的自修复混凝土，他选择芽孢杆菌来完成这项工作，因为它们可以很好地适应碱性环境并产生可以在没有食物或氧气的情况下存活数十年的孢子。

为了诱导碳酸钙沉淀，芽孢杆菌需要食物来源。糖是一种选择，但在混合物中加入糖会导致混凝土变得柔软、脆弱。最后，琼克斯选择了乳酸钙，将细菌和乳酸钙放入由可生物降解塑料制成的胶囊中，并将胶囊添加到湿混凝土混合物中。当混凝土中有裂缝产生时，水会进入其中并打开胶囊。然后细菌发芽、繁殖并以乳酸盐为食，在这个过程中，它们将钙与碳酸根离子结合形成方解石和石灰石，从而修复裂缝。

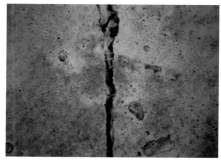

修复裂缝

利用细菌修复的混凝土裂缝

琼克斯希望生物混凝土可以成为生物建筑新时

代的开端。他认为大自然免费为我们提供了很多功能，例如这种能够产生石灰石的细菌，人类可以在材料领域应用它并从中获益，这是将自然和建筑结合起来的典范。

生物矿化与产品

除了建筑，微生物诱导碳酸钙沉淀在产品领域也有着极具潜力的发展前景。中央圣马丁艺术与设计学院的辛齐亚·法拉利于 2021 年 6 月利用蓝藻的生物矿化能力提出了新的产品制造方案。

在法拉利的设计中，蓝藻对于产品的形成与外观呈现发挥了重要的作用。使用蓝藻诱导的碳酸

蓝藻生物矿化框架（一）

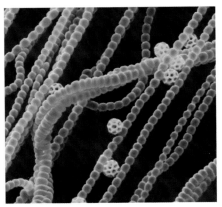

蓝藻

碳酸钙

钙沉淀材料进行产品制造，让细菌在产品中保持生长，并且进行光合作用。在使用寿命结束时，像眼镜框架这些产品可以被销毁并用作新产品的基材。这种原料获取的可持续性、生产过程无碳排的特性充分显示了生物矿化的未来发展潜力。

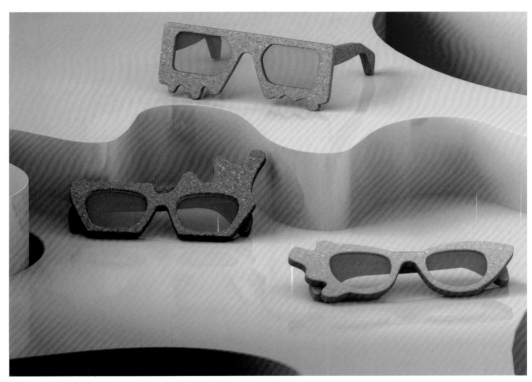

蓝藻生物矿化框架（二）

4.4 细菌·艺

明月也嫌无云时，
因不完美而美的细菌金缮

　　以金修缮的技艺名为金缮。金缮师用漆树流下的汁液加工而成的天然稠性涂料，黏合瓷器的碎片或补充缺口，再将漆的表面敷以金粉或贴上金箔，器物的"伤口"就变成了金色的"阡陌"。

　　金缮并不是机械地复原或掩盖器物的残缺，而是用一种接纳的

金缮作品（一）

态度，将修缮的过程视为器物生命的一个阶段。

来自丝路的最东端

中国传统修复破裂瓷器的技艺叫作"锔补"，是使用粗金属钉将碎片"锔补"起来的瓷器修复法，这项技艺从中国流传至日本。为了找到一种更有美感的瓷器修复办法，日本慢慢摸索出了"金缮"工艺，以让茶客在茶道仪式中还能领略残缺带来的机缘之美。

金缮之美在 14 世纪随着茶道的发展，开始被日本社会广泛接受。外表粗糙，内在完美，是侘寂美学的内涵。它体现了朴素又安静的残缺之美、自然之美，也成了后来金缮工艺诞生的精神土壤。

金缮作品（二）

相较于中国传统大漆的使用和锔瓷所强调的完整性，金缮突出了裂痕的存在，这种接受不规则和不完美的观念体现在金缮的三种流派中：

"蚊足流派"会使用最少量的漆修饰细小的缺口，用金饰脉络连接器物。

"百川流派"则直接使用漆和金饰替换缺少的碎片。

"无衣流派"是将器物缺少的部分补上后，重新用漆制作釉色，漆色与釉色对比强烈，这种艺术创作手法刚猛，气势如虹。

当代艺术中的金缮

金缮这种带有简单装饰而富有人生哲理的艺术受到世界各地艺术家的青睐，不仅被运用在器皿修复上，也在珠宝首饰、装置、空间上不断延展。2021 年，意大利珠宝品牌宝曼兰朵（Pomellato）联合日本金缮艺术家推出了 Milamore Kintsugi 系列珠宝。

Milamore Kintsugi 系列珠宝

美国艺术家维克多·所罗门在破碎的篮球场用金缮工艺去填补地面的缝隙，纪念美国国家篮球协会的回归。

韩国艺术家叶绍容（Yee Sookyung）用金缮作为主要视觉效果创作了一系列艺术品，这些陶瓷上的金色线条像蜿蜒的河流，仿佛有无尽的生命力在其中循环。

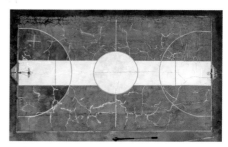

维克多·所罗门修复的篮球场

生物金缮

金缮所用的漆是从漆树上采割的一种乳白色纯天然液体涂料。这种漆由水分、漆酚、树胶质、糖蛋白、漆酶等物质组成，接触空气后会变为褐色。其中占比高达50%~80%的漆酚会引起变应性接触性皮炎反应，除了皮肤接触，呼吸、毛孔都可能成为过敏源的通道。严重时浑身红肿瘙痒且不易恢复，也就是老师傅们常说的被生漆"咬了"。

用金缮工艺创作的艺术品

是否能有一种新的材料可以替代生漆，使人在进行金缮修复时不会过敏呢？芬兰赫尔辛基大学的自然科学博士克里斯蒂娜·斯塔德鲍尔（Christina Stadlbauer）将目光转向了生物材料。2018年她到日本东京进行了关于"陶瓷疤痕组织"的主题演讲，同时她对日本金缮工艺进行了调查研究。

传统生漆

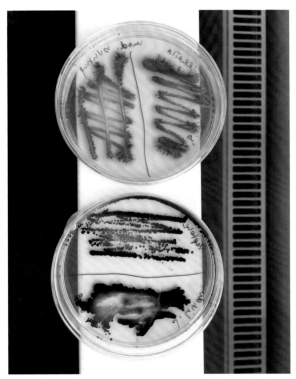

培养中的"细菌生漆"

克里斯蒂娜发现家里陶瓷制品表面的裂缝难以清理，合适的温度和湿度使得细菌快速滋生蔓延，如果把裂缝比作"伤口"，这样的卫生条件非常不利于"伤口愈合"。于是她想到了一种"抗菌"的细菌——深蓝紫色杆菌，其中含有的紫罗兰素具有抗菌、抗病原的特性。

克里斯蒂娜使用转基因技术，将深蓝紫色杆菌的质粒（携带决定部分细菌生物学特性的遗传信息）P450BM3加入到紫色短杆菌中，使其能够分泌酶，来催化橄榄油转化为环氧植物油，以其作为原料制成的生物基环氧树脂具有强附着力，在固化后可以填充修补陶瓷上的裂缝。克里斯蒂娜将这种方法命名为"生物金缮"。

克里斯蒂娜在接下来的工作中继续使用这种环氧树脂材料，低压注射填充了赫尔辛基的 solu 画廊混凝土地板上的裂缝，弥合的痕迹亦有金缮的涅槃之美。

Bact
in lov

传统金缮修复过程

"生长"中的细菌金缮

生物基环氧树脂

　　克里斯蒂娜的生物金缮材料是使用基因工程改造的细菌产生的酶。将这种酶作为生物催化剂使橄榄油环氧化，再加入固化剂（如二元酸等）与环氧植物油进行交联固化（因环氧植物油的结构中有含氧三元环结构，具有较大的张力，能够与含有活泼氢原子的羟基、胺基、酸酐和含不饱和键的基团聚合），制成植物油基环氧树脂这种高分子材料。

　　目前，通用的双酚 A 型环氧树脂约占全球环氧树脂市场的 85% 以上，因其主要原料双酚 A 被认为具有生理毒性，已被多个国家禁用于与食品、人体接触相关的领域。植物油基、动物油基的生物基环氧树脂在资源可再生性、环境相容性、分子结构特性方面则具有显著优势，近年来受到国内外广泛关注。这种新型环氧树脂在交通、医疗、电子电器以及建筑等领域具有广泛的应用前景。

　　金缮，尽善也。中国古语有云："物尽其用，择其弊处而缮之"。这不仅是对器物的态度，更是对生命的态度。以贵重的物质去修补残缺，以慎重的态度去面对破裂，接纳生命中的种种不完美。在无常的世界中恪守心中那份对美的向往，让生命以另一种美好的姿态再次延续。

细菌不但会做饭、盖大楼，还会打印照片

2000 年，爱德华多·卡茨（Eduardo Kac）将荧光蛋白植入兔子受精卵后，一只在特定光段下散发荧光的"阿尔巴"荧光兔诞生了。

这一举动激起轩然大波，作品和艺术家本人都饱受争议。当爱德华多提出想要将"阿尔巴"带回家中与其共同生活时，"阿尔巴"的孵化机构否决了他的提议。爱德华多为此开展了一系列公共介入活动，试图引起巴黎市民的关注并争取到"阿尔巴"的抚养权。他还设置了一个网站，全球的网民都可以实名或匿名留下对此事的看法和评价。

致敬卡茨

拥有艺术家和微生物学家双头衔的扎卡里·柯普菲（Zachary Copfer）也积极参与到这桩热点事件中，通过各种方式表达自己的观点与立场。

扎卡里·柯普菲怀着崇敬和忐忑的心情，坐在电脑前给爱德华多发出了这封邮件：

亲爱的卡茨先生：

我是一名微生物学家，对转基因生物艺术富有极大热情，很多人告诉我应该看看您的作品。大部分搜索结果都是关于荧光蛋白兔

阿尔巴龙

阿尔巴龙细菌照片

"阿尔巴"的。当了解到您尝试了许多办法后，还是无法带走它，我感到伤心与惋惜。

我还了解到有些人发表"阿尔巴"根本不存在这样的荒谬言论。我看到过您抱着它的照片，我知道您深爱它，它也确实存在。

阿尔巴的故事令我深受启发，于是我联系了遗传学家亨利·沃（Henry Wo）博士，请他根据我的设计去创造一种嵌合体动物。就这样，世界上第一只阿尔巴龙诞生了，或者应该说孵化了。我的初衷是想把阿尔巴龙作为礼物送给您，以填补阿尔巴在您心里留下的空白。

但是，我把它抱在怀里，将它介绍给家里人，就开始舍不得它。作为小小的安慰，我寄给您一张阿尔巴龙的细菌艺术品。这是我使用大肠杆菌创造的"细菌艺术照片"，我用绿色荧光蛋白（GFP）的 DNA 进行了基因改造，您别担心，细菌已被灭活且永久保存。虽然它不完全是阿尔巴龙，但这个创作的的确确是转基因生物艺术。

附注：我附上了一些阿尔巴龙的照片，以向您证明它是真实的，并向您展示它在这里拥有一个美好而充满爱意的家。

您忠诚的扎卡里·柯普菲

扎卡里·柯普菲风趣、幽默，有着细腻的观察力和共情能力，他用富有想象力的方式传递他的善意，并用自己独一无二的细菌冲印艺术品致敬了艺术家卡茨。

细菌冲印术

扎卡里·柯普菲将自己称为伪装成艺术家的微生物学家，或是伪装成微生物学家的艺术家。他在获得微生物学士学位后，进入一家制药公司担任微生物学专家。工作几年后，他选择了一条更充实的道路，进入辛辛那提大学研究生院攻读艺术硕士学位。

在攻读硕士学位期间，他开始利用艺术，重新探索曾让他着迷的科学奥秘。他将当代艺术和现代科学实践相融合，利用微生物学背景，将各种细菌作为艺术媒介进行创作。在大胆的尝试下，他发明出一种将摄影过程与微生物学实践相结合的新技

细菌冲印过程图

术——细菌冲印术（bacteriography）。

细菌冲印术的具体操作过程如下：

第一步，准备一个装有营养琼脂（细菌吃的果冻状物质）的培养皿，并在琼脂整个表面均匀地覆盖一层细菌。

第二步，选择一张想要的图像打印出特殊的摄影负片。接着，将辐射通过负片传送到培养皿上。

第三步，当辐射击中负片时，一部分辐射被阻挡，一部分辐射穿过并击中下面的培养皿。受辐射影响区域内的细菌会停止繁殖。

第四步，未受辐射影响的细菌将在培养皿中继续生长。当图像已经完成"显影"后，再次照射整个培养皿，细菌就会停止繁殖。这样就"固定"了图像以及防止细菌到处蔓延。最后，再用亚克力和树脂来保存这幅"细菌艺术照片"。

图中的小红点是负片阻挡辐射和细菌生长的地方，白色空间是辐射穿过并杀死细菌的地方。

在发明细菌冲印术的初始阶段，扎卡里·柯普菲如其他细菌艺术家们一样，多运用大肠杆菌进行创作，他的每个作品都在尝试探索科学理论中的美与诗意。

Star Stuff 探索宇宙之美

"探索宇宙之美"是扎卡里·柯普菲将哈勃望远镜拍摄的宇宙照片,利用活体磷光细菌创作出的细菌照片装置。

每一种天体都由数十亿个基因工程菌——大肠杆菌组成,这些大肠杆菌在特定的宇宙照片模式下生长,形成了天体照片的"细菌复制品"。

远远的街灯明了,好像闪着无数的明星。天上的明星现了,好像点着无数的街灯。那缥缈的空中,定然有美丽的街市。行走在扎卡里·柯普菲的这组装置中,如同游逛于"天上的街市"。

扎卡里·柯普菲的 Star Stuff 旨在向观众传递惊奇与敬畏的感觉,让人想起诗人和艺术家凝望星星的所思所感。他想要表达:宇宙的科学观并非冷酷无情,实际上,它极富诗意。

热烈的红色

利用大肠杆菌去创作细菌照片,扎卡里·柯普菲总觉得缺少些什么,他开始寻找其他可能用于创作的细菌,最终锁定了这独特的一抹红——黏质沙雷氏菌。黏质沙雷氏菌会导致呼吸道感染和

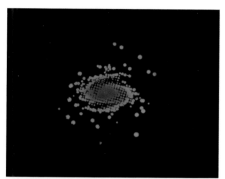

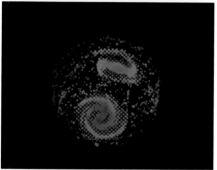

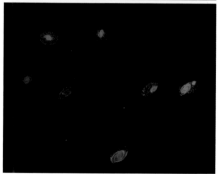

细菌宇宙照片

细菌照片

泌尿道感染，但是它与细菌冲印术结合，就会创造出与众不同的惊人效果。

扎卡里·柯普菲利用其独创的细菌冲印术再加上黏质沙雷氏菌这抹热烈的红色，创作出一幅爱因斯坦的经典细菌照片，搞怪与严谨并存、科学与艺术相得益彰。这幅作品也使得扎卡里·柯普菲名声大噪，他后续又创作了几幅著名艺术家和科学家的细菌头像，整体呈现出的艺术效果如丝网印刷画作一般，做旧、复古感扑面而来。

这组创作也受到了 BigBangUK 的关注与青睐，这是一个英国的科学教育组织。BigBangUK 的几位组委会成员联合英国的喜剧人斯蒂芬·弗雷（Stephen Fry）拍摄了各自的头像，委托扎卡里·柯普菲创作专属的细菌照片。这个项目旨在引导英国的青少年探索细菌的更多可能性，尽情打开自己的脑洞，利用科学输出的想法，促进英国的科学教育。

该作品与 2014 年 BigBangUK 博览会一起在英国伯明翰的千禧点（Millennium Point）展出，现场吸引了众多青少年的目光。在采访中一位青少年表示："当我听说黏质沙雷氏菌会导致泌尿道感染，我真的觉得很恶心，可是没想到它竟然可以创造出如此神奇的艺术效果！"

扎卡里·柯普菲的细菌冲印术无疑是一项伟大的技术，这些细菌肖像连接了微观与宏观的两端，在深挖科学奥秘的同

Bac
in lo

时，也为严谨的科学世界输出了想象与诗意。

买一张细菌唱片吗？专属于你的

2017 年 11 月的波士顿，在合成生物学领域的"奥林匹克盛会"国际基因工程机器大赛的闭幕式上，我们听到了一曲由世界各地参赛队伍共同创作的"天籁之音"。然而，这首音乐不是通过打击乐器或者弦乐器创作的，而是利用人体内的细菌创作的。

细菌唱片从何而来？

对大多数人来说，细菌和音乐是两个完全不相关的概念。这个名为 Biota Beats 的项目却将二者巧妙连接，用细菌谱写乐谱，为我们带来全新且无与伦比的音乐形式。

Biota Beats

Biota Beats 项目的团队成员拥有极具个性的名字：街头生物（Street Bio）。他们希望探索工程生物学与街道之间的关联——将生物学带离实验室，真正进入人们的日常生活，与人、文化和产品交融。

2016 年，街头生物团队就在美国的一个社区生物学实验室内，为国际基因工程机器大赛启动了这个名为 Biota Beats 的项目。他们的愿景是通过音乐，将和人类和谐相处的数万亿微生物与整个世界联通，用"嘻哈音乐"助力生物技术发展。这个大胆的创意，成就了一个很棒的系统，谱写了一曲"天籁之音"。

那么 Biota Beats 项目是如何利用细菌创造音乐的呢？

如何制作细菌唱片

制作细菌唱片一般需要 3 步：

1. 记录音乐信息"唱片"（培养基）的准备

团队希望将"声音转化装置"设计成"唱片播放器"的样子。于是他们借鉴了传统黑胶唱片的外形，采用了 LP/EP 两种不同规格，分别设计成同心圆形状和馅饼状两种。长时间播放的黑胶唱片（LP），直径尺寸是 12 英寸（30.48 厘米），通常以每分钟 33 转的速度播放；单曲和迷你专辑的唱

同心圆形状

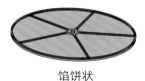

馅饼状

细菌唱片模型

细菌唱片

片（EP），直径尺寸是 7 英寸（17.78 厘米），通常以每分钟 45 转
的速度播放。

2. 在唱片中记录微生物（接种并培养）

歌曲创作过程可谓脑洞大开：团队先将无菌棉签浸润在去离子
水中，再用棉签擦拭来自各国参赛团队成员的特定身体部位用以采
集体表细菌，最后用采集后的棉签在"唱片"的对应区域内划线。

为了将培养箱和"唱片播放器"相连，并且使相机可以直观地
检测整个培养皿，他们对培养箱进行了改造。在"唱片"下添加了
加热元件，以保证菌种在培养时处于恒温环境，同时根据"唱片"

细菌唱片制作

细菌唱片培养箱

大小、相机视角和视野等信息，最终确定了培养箱的尺寸。

3. 利用微生物创建音频（超声波处理）

用相机对"唱片"进行拍摄，捕获微生物生长的图像。

按照划线的区域对"唱片"进行划分，每一个区域代表不同的音色。

根据每个菌落的中心、大小，将菌落映射到对应坐标系统中，计算菌落的位置、直径、密度等信息。

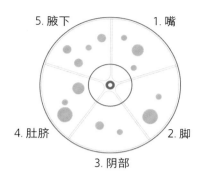

（1）接种来自人体的生物体并捕捉图像

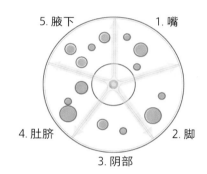

（2）用图像处理技术检测生物体
　　并按身体部位划分区域

（3）生成数据流（位置、直径、密度）

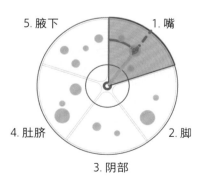

细菌唱片制作

菌落的位置与音色相关，菌落的直径与音高相关，菌落的密度则结合了粒状合成的方法发声，并且使用调频（FM）将上述内容合成。粒状合成是指将声音分解成细小颗粒，重新分配并重组形成其他声音。调频合成是指通过调制器调整频率来改变波形的音色（音质），以生产更复杂的波形。

这首"细菌音乐"在众志成城的欢乐氛围中制作完成：来自欧洲团队的口腔微生物为其提供了旋律；来自亚洲团队的耳细菌提供了和声；来自非洲团队的手上微生物负责鼓点；来自南美洲团队的

细菌唱片

头皮微生物提供了打击乐；来自北美洲团队的鼻部微生物则最后渲染了乐曲。

青年科学计划

自从街头生物团队建立了 Biota Beats 项目，也随着 STEAM（科学、技术、工程、艺术和数学）课程在当今学校的盛行，他们继而成立了社区青年科学计划，他们定期进行周末研讨会，开展可持续性的主题活动。参与者可以在实验室中花费一天的时间去学习、提问、讨论、实验。这是一条纽带，联结着所有热爱科学的青年人。为他们提供将生物技术和音乐创造力融合在一起的机会，满足他们对科学的好奇心和探索欲。

制作属于自己的细菌唱片

社区青年科学计划举办了多场活动，这次青年们来到一家位于波士顿的生物工程初创公司。

研讨的主题是"制造分子"。互动课程介绍了自然界中的几种微生物，如嗜盐古菌和酵母菌，它们是如何制造自己的分子以及它们是如何被利用的。

在设计活动中，青年们有机会设计自己的微生

宣传海报

物。青年们灵感迸发，产生了很多令人难以置信的创新想法，包括微生物污染消除器、水纯度指示器、小型机器修理器，甚至是可以实现无烤箱烘焙的微生物！

青年们还参观了这家公司的生物铸造厂。在那里，他们了解到在实验室中如何使用机器人、生物反应器、发酵罐和质谱仪等工具来构建微生物。

在青年们对微生物群有了深刻了解后，演示人员开始从科学研究过渡到音乐。他们为青年们解释如何能够用自己的微生物群创造

新型唱片播放器

唱片，以及用新型唱片播放器播放"细菌音乐"。

所有青年开始制作属于自己的"细菌唱片"。他们擦拭着自己身体的不同部位，并将他们的微生物群接种到个人的琼脂板中，然后做好记录。

在完全接种他们的个性化微生物后，参与活动的青年将他们的"细菌唱片"带回家。微生物群每天都在生长，他们会得到具体的指示来拍摄"细菌唱片"。街头生物团队将他们的图像记录进行声化，最终青年参与者会获得用他们个人微生物群制作的专属电子音乐。

从国际基因工程机器大赛闭幕式上的"天籁之音"，到走进社区的街头生物青年科学计划，无一不体现出街头生物团队的创意与友爱。他们将细菌化身纽带，连通科学与音乐，创造美好的未来。